搅拌反应器的 CFD 数值模拟：
理论、实践与应用

曹晓畅 著

东北大学出版社
·沈 阳·

图书在版编目（CIP）数据

搅拌反应器的 CFD 数值模拟：理论、实践与应用 /
曹晓畅著. -- 沈阳：东北大学出版社，2024. 7.
ISBN 978-7-5517-3611-4

Ⅰ. TQ051. 1
中国国家版本馆 CIP 数据核字第 2024Z325W4 号

内容简介

　　《搅拌反应器的 CFD 数值模拟：理论、实践与应用》是一本全面探讨计算流体力学（CFD）在搅拌反应器设计和优化中应用的专著，结合了作者在攻读博士学位期间的研究和多年实际项目经验，提供了深入的理论背景、详细的模拟策略和丰富的实际应用案例。内容涵盖 CFD 的基础理论、搅拌反应器的各类模型，以及多相流模型的应用。特别着重于管式搅拌反应器的流场、停留时间分布、混合时间及固液两相流的数值模拟，结合实验数据和模拟结果，为读者展示了搅拌反应器设计的复杂性和 CFD 技术的应用价值。最后，书中还特别介绍了浇注搅拌机的 CFD 模拟，包括搅拌效果分析和结构优化。本书适合研究生、学术研究者及工程师应用，是理论学习和实践应用的宝贵资源。

出 版 者：东北大学出版社
　　　　　地址：沈阳市和平区文化路三号巷 11 号
　　　　　邮编：110819
　　　　　电话：024-83683655（总编室）
　　　　　　　　024-83687331（营销部）
　　　　　网址：http://press.neu.edu.cn
印 刷 者：抚顺光辉彩色广告印刷有限公司
发 行 者：东北大学出版社
幅面尺寸：170 mm×240 mm
印 　 张：10
字 　 数：180 千字
出版时间：2024 年 7 月第 1 版
印刷时间：2024 年 7 月第 1 次印刷
策划编辑：刘新宇
责任编辑：郎　坤
责任校对：潘佳宁
封面设计：潘正一
责任出版：初　茗

ISBN 978-7-5517-3611-4　　　　　　　　　　　　定　价：58.00 元

前　言

在本书中，深入探讨了搅拌反应器在化工、材料科学和冶金等关键领域的作用，并特别强调了计算流体力学（CFD）在这些设备的设计和优化中的重要应用。本书结合作者在攻读博士学位期间的研究工作以及多年企业项目的实践经验，旨在为读者提供一个全面且详尽的搅拌反应器 CFD 数值模拟指南。

本书共分为八章：

第 1 章概述了计算流体力学技术及其在搅拌反应器中的应用现状，为读者提供了一个坚实的理论和应用背景。

第 2 章介绍了 CFD 的理论基础及研究方法，包括搅拌反应器桨叶模型和多相流模型，为后续章节奠定了理论基础。

第 3 至 7 章以管式搅拌反应器为例，深入探讨了搅拌反应器的各个方面，包括流场、停留时间分布、混合时间的数值模拟、流动特性与混合特性的大涡模拟，以及固液两相流的数值模拟。这些章节结合了实验数据和模拟策略，为理解和应用 CFD 技术提供了实际案例分析。

第 8 章专注于浇注搅拌机的 CFD 数值模拟应用，包括结构优化和不同操作条件下的搅拌效果分析，展示了 CFD 技术在工业应用中的实际效果。

本书面向研究生、学术研究者、工程师和设计师等多种读者群体。对于专注于流体力学、化工工程或相关领域的学者，本书提供了深入的理论背景和先进的研究方法；对于在化工、材料科学和冶金行业中工作的工程师，本书为如何应用 CFD 技术来优化搅拌反应器的设计和性能提供借鉴。

特别感谢东北大学张廷安教授及其团队在作者博士学习期间所提供的指导和支持，对作者在计算流体力学和搅拌反应器研究领域的深入研究和实践探索起到了不可或缺的作用。此外，东北大学秦皇岛分校吕超副教授，东莞理工学院硕士研究生张正、钟丰懋参与了本书的撰写工作，在此表示感谢。

由于搅拌环节的复杂性，且作者研究水平和工程经验有限，书中难免存在疏漏，欢迎各位读者提出宝贵的批评和建议。

曹晓畅

2023 年 12 月 28 日于东莞理工学院

目　录

第1章 绪论

反应器广泛应用于化工冶金领域，搅拌混合是化工冶金中最常见的单元操作之一，以促进混合为主要目的，如进行液-液混合、固-液悬浮、气-液分散、液-液分散和液-液乳化等，又往往是完成其他单元操作的必要手段，以促进传热、传质、化学反应，如在搅拌设备内进行流体的加热与冷却、萃取、吸收、溶解、结晶、聚合等操作。[1]

在氧化铝工业中，铝土矿的溶出是拜尔法生产氧化铝的最主要的工艺过程，溶出指标的好坏将直接影响氧化铝生产的产能和能耗指标。寻求强化溶出过程的溶出工艺与装置一直是国内外氧化铝工业生产中的一个重要课题。由于我国一水硬铝石铝土矿必须采用高温（260 ℃）溶出，致使原有的管道化溶出设备高温熔盐加热段管壁结疤现象非常严重，制约着整个管道化溶出工序的正常生产。因此，根据我国一水硬铝石矿的资源和品质特点，为强化两相混合过程，张廷安等自主开发了一种带搅拌的叠管式反应器[2]，并已通过冷态物理模拟的实验方法，对这种新型搅拌反应器的流动和混合特性进行了初步研究[3]。

近年来，计算流体力学（computational fluid dynamics，CFD）方法越来越受到人们的重视，在反应器设计、优化中得到了越来越广泛的应用，它的优势在于通过应用数值模拟软件求解描述过程，可以实现过程设计、优化以及放大，如今已成为解决工程问题的一种新的手段[4]。与实验方法相比，CFD 方法可以获取反应器内流体的宏观以及微观特性并能够进行有效预测。CFD 以计算机数值计算为基础，利用计算机求解数学方程，例如：N-S 方程、欧拉方程等，以此来研究流体流动特性[5-7]。如今，已有诸多学者应用 CFD 来模拟求解反应器内流体流动特性，在模拟预测结果的基础上，提前对反应器的结构参数进行优化设计，避免繁复的设计和重复的实验过程，可以节约大量的费用以及时间[8-9]。

本书用到两个经典案例，一个是以自主开发的单、叠管式搅拌反应器为研究对象，在已有研究的基础上进行了 CFD 的系统研究，并与实验数值进行对比，验证了 CFD 对管式搅拌反应器进行流动和传质特性研究的可行性；另一个是以生产加气混凝土的主要设备浇注搅拌机为例，由于搅拌机内部流体流动较为复杂，为了提高新型搅拌桨叶对搅拌机内流场影响的预测和理解，本书研究利用 CFD 方法，对搅拌机的性能进行预判，从而对实际的生产工艺参数和搅拌机的改进设计提供理论支撑和科学依据。本书能为反应器的进一步设计和改善研究提供 CFD 研究思路，也可以作为实验研究和进一步模拟的基础。

1.1　计算流体力学技术

1.1.1　计算流体力学简介

计算流体力学(CFD)是以计算机数值计算为基础，对流体流动、传热以及相关现象进行分析的一种研究方法。涉及计算机科学、流体力学、偏微分方程的数学理论、计算几何和数值分析等学科。这些学科交叉融合、相互促进和支持，推动着彼此间的深入发展。在 CFD 出现以前，流体力学研究主要有理论流体力学和实验流体力学两种手段。CFD 的出现不仅丰富了流体力学的研究手段，而且提供了强大的数值运算能力，可以解决某些理论流体力学无法解决的问题。另外，应用 CFD 可以减少实验测试次数，节省大量的资金和时间，并能解决某些由于实验技术所限难以解决的问题。

CFD 以其强大的能力，在众多领域得到了广泛的应用，比如航空、水利、电力、化工、冶金和生物等。将 CFD 方法应用于搅拌混合过程的研究是从 20世纪 80 年代开始的。虽然其应用的时间还不算长，但是却给搅拌混合研究注入了新鲜的血液。目前对搅拌混合这种古老的单元操作过程的研究尚未形成完整的理论体系，主要还是依靠一些经验手段，如基于单位体积功、雷诺数或叶端线速度等放大准则一直在沿用。实践证明，按上述原则设计优化的搅拌反应器有许多没有达到最佳状态从而造成浪费。随着新产品及新技术的发展，对搅拌过程中流体的混合效果、传热及传质提出了更高的要求，传统的经验放大设计方法的可靠性越来越受到人们的质疑。因此，对搅拌反应器的设计优化迫切需要建立更可靠的放大准则，CFD 方法正是适应这种趋势而发展起来的一种新的设计工具。

1.1.2 反应器中的流体力学

流体力学主要研究反应器中的流体流动、混合过程的动量传递进而研究受其影响的质量、动量、能量传递(三传)并建立反应器的数学模型。反应器接受输入的功进行搅拌等以加强流体的流动、混合、传递过程,从而使反应器中的全部介质均在最优的浓度①、温度、压力条件下进行反应。其中流体流动的动量传递是最关键的传递过程,它引起反应器内流体速度、压力分布,直接影响流体质量、热量传递,并引起流体的浓度、温度分布。而反应器中流体流动的动量传递过程也最为复杂,尤其在一些结构比较复杂的反应器(如多相固定床)中更是如此。至今,研究流体力学的微分方程组还难以求得解析解。

随着高速数字电子计算机的广泛应用,信息与计算科学的迅速发展,数值计算得到空前的重视、发展和应用,黏性流体动量传递方程的数值解法也日益发展,最终促使计算流体力学的产生。

工业生产中涉及的流场多是湍流场,工业上使用的管式反应器亦多在湍流状态下运行。湍流是自然界中一种极常见的现象,相对来说,层流却是很少见的。自从雷诺于 1883 年第一次在实验室对湍流进行了观察,并提出湍流的重要判据以来,对于湍流的研究就一直没有停止过。但是迄今为止,科学家仍不能给出湍流的严格定义。湍流的一些主要特征有不规则性和随机性、扩散性、大雷诺数性质、涡旋、耗散性、流动特性、记忆特性、间歇性、猝发与拟序结构。

流体质点是空间连续的,构成一个空间连续体,流体质点的运动可应用物理学中常用的"场"的概念来表达,流体质点运动所构成的场通称为流场。在一个场中的某个固定点上,它的物理量是不变的。若要知道一个坐标系内压力、速度或加速度是如何分布和变化的,就需要知道它的流场分布情况。

管式反应器中的湍流场是一个复杂的流动过程,基于目前人们对湍流的认识,认为它是一种不规则的、随机的,具有扩散性、连续性、耗散性、流动性等特点,而且存在涡旋及能量的串级传递过程和大涡拟序结构的场。

对湍流的观测和实验表明,湍流由大小不同的湍流涡旋组成,涡旋的尺度从几毫米到几千米,因而是一种无特征尺度现象。湍流问题一直是近代流体力

---

①本书所提到的浓度指另外一个相的分布情况,即体积分数。

学的一个难题，对它的研究从来就没有停止过[10]。1922 年，Richardson[11] 提出湍流中涡旋串级结构，20 世纪 60 年代后期湍流实验研究的一个主要进展是湍流剪切流动中的拟序结构的发现。1974 年，Mandelbrot[12] 把他提出的分形理论应用到湍流的研究中，研究了间歇湍流过程中的自相似串级，并在 1982 年提出了湍流与非湍流界面的奇异性，提出了加法准则，在理论上给出了实验测定湍流中分形维数的方法。自此以后，许多科学家转为使用现代的分形和混沌理论来研究湍流的本质。Liao 等[13] 首先系统地测定了湍流、非湍流界面的分形维数。刘式达等[14] 提出了用激光诱导荧光(LIF)技术获取二维射流图像以测定其分形维数的实验方法。随后，Huang 等[15] 改进了计算分维的算法。通过测定湍流的分形维数，不但使人们深入认识湍流的奇异性本质，而且能更精确地定量描述湍流的无源标量界面上的动量、质量和能量通量，为研究 Kolmogonov 尺度上的动量传递、质量传递和能量耗散提供了理论基础[16-18]。

1.1.3　数值模拟的计算过程

数值模拟结果的可靠性取决于物理模型及其依靠数学手段描述现实问题的数学模型的准确性，对管式搅拌反应器进行有效的数值模拟，建立准确可信的物理和数学模型是其关键。

CFD 软件的结构安排都是围绕解决流体流动问题的。为了能够很方便地解决问题，所有商业软件都提供了用户界面来输入参数和检查计算结果。因此，商业软件基本上由前处理、求解器、后处理三部分组成。

前处理过程就是为求解器定义需要解决的问题的参数。前处理过程需要做的工作有：建立生成合理的几何模型；设定求解问题的几何计算区域；对计算域进行网格划分；定义求解问题的类型和选择适用于求解问题的模型；设定所研究流体的各相属性和参数以及指定相应的初始条件；确定边界条件。对流动问题的求解是在每一个网格上进行的，因此，网格的质量与数量直接影响到计算结果的准确性和求解速度。通常来说，网格数越多，计算结果越准确，但是计算时间也越久。比较好的方法是采用非一致的网格：对梯度变化较大和研究比较关心的区域采用细网格，而对梯度变化小的区域采用粗网格。还有一种方法称为自适应网格技术，它会在计算中自动对变化较大的区域进行网格加密。这种技术已经被植入商业软件中。

软件中求解器的核心内容是先对所选择的控制方程以及计算域进行离散化

处理，再进行迭代求解。通常用到的求解方法主要包括有限差分法、有限元法、有限元体积法，总体上来说，其计算求解的整个流程基本相同，不同的就是流动变量所选择的近似方法和离散化处理存在一定的差异。求解器反馈的一些信息可以用于判断计算过程中存在的问题，以此来保证整个模拟过程合理、正常。其中的有限元体积法因具有计算效率高、结果精度高等优势而被广泛应用。

后处理器具有比较完善的处理功能，不但可以显示建立的几何模型以及划分的网格，还能够直观输出关于反映模拟结果的矢量图、云图、粒子轨迹图等后处理的图像，并能根据实际需要对这些图像进行处理，通过对结果的观察，可以科学有效地分析流场的状态和搅拌槽中混合的实际效果，后处理功能也能对搅拌槽中固液混合的整个过程进行动态演示[19]。利用 CFD 软件模拟计算一个算例的步骤如图 1.1 所示。

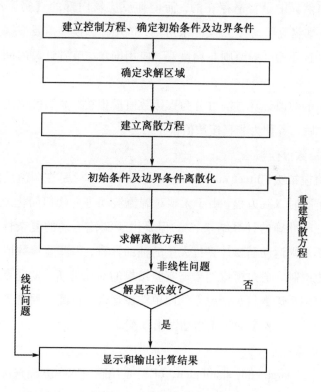

图 1.1　CFD 求解流程图

1.2 计算流体力学在搅拌反应器中的应用现状

商用 CFD 软件的出现，使得近些年的 CFD 研究发生了本质的变化，如 FLUENT、Phoenics、STAR-CD、CFX 等商用软件已经能够在较高精度条件下让用户获得准确的内部流动分布结果。随着对 CFD 技术在搅拌反应器中应用研究的深入，许多湍流计算方法和搅拌区域的处理方法得到了不同程度的发展[20]。

1.2.1 湍流计算方法

湍流在自然界中是普遍存在的，而搅拌反应器内部的真实流动是非定常的、复杂的三维湍流运动[21]。实际求解中，选用什么模型需要根据具体问题的特点来决定。选择的一般原则是精度高、应用简单、节省计算时间，同时应具有通用性。

目前湍流的数值计算方法可分为直接数值模拟法、大涡模拟法和雷诺时均方程法，其中后二者称为非直接数值模拟。

1.2.1.1 直接数值模拟法

直接数值模拟法(direct numerical simulation，DNS)是在湍流尺度的网格尺寸内直接求解瞬时 N-S 方程，由于无须对湍流流动进行任何简化或近似，理论上可以得到比较准确的计算结果[22]。但是由于湍流运动的复杂性，要获取其多个尺寸的不规则运动需要计算机大量的辅助计算，因此直接数值模拟法在应用上受到一定限制。通过模拟结果与实验结果的对比分析，发现直接数值模拟法只适用于模拟雷诺数较小情况下的简单湍流运动，在圆管湍流等方面有广泛的应用，但是很难对复杂的湍流运动做出预测。

1.2.1.2 大涡模拟法

大涡模拟法(large eddy simulation，LES)是用瞬时 N-S 方程直接模拟湍流中的大尺度涡，不直接模拟小尺度涡，可以直接模拟湍流发展过程的一些细节，并可以应用于较高的雷诺数和复杂的流动几何结构，但由于大涡模拟法在处理时需要足够小的网格尺寸来划分大小涡，要得到可靠的计算结果需要有大量的网格数目，所以计算工作量仍然很大，在实际工程中没有得到普遍应用。目前也有部分学者对大涡模拟法进行工程运算，苗一等[23]在 FLUENT 软件平台和网络并行计算硬件平台上，采用大涡模拟法对涡轮桨搅拌槽内的混合过程进行了数值模拟。Tyagia 等[24]对具有复杂结构的搅拌槽进行了大涡模拟研究。目前 LES 模块也已植入 FLUENT 等商业软件，随着计算机性能的提高，此方法应该会成为近几年搅拌反应器内 CFD 模拟的发展趋势。

1.2.1.3 雷诺时均方程法

从工程应用的观点来看，重点考虑的是湍流所引起的平均流场的变化，宏观来看是整体的效果。雷诺时均方程法依据此观点，不直接求解瞬时 N-S 方程，而是设法求解时均化的 N-S 方程，这样不仅可以避免 DNS 的计算量大的问题，还可以在工程应用得到较好的效果，该方法是目前使用最为广泛的湍流数值模拟方法[19, 25]。

1.2.1.4 两方程模型

湍流模型是指将湍流黏性系数与湍流时均参数联系起来的关系式[26]，根据确定湍流黏性系数的微分方程的数目，湍流模型又包括零方程模型、一方程模型和两方程模型。其中零方程模型和一方程模型由于其适用范围较窄而应用十分有限，而两方程模型目前应用比较广泛。

k-ε 湍流模型是在传统的湍流模型理论的基础上提出的，模型在雷诺时均方程和连续方程的基础上增加了两个有关脉动量的微分方程——湍流动能方程 k 和湍流动能耗散率方程 ε，这样的两方程模型通称为标准 k-ε 模型。在标准 k-ε 模型的基础上，经过改进，提出了两种新的模型，即 RNG k-ε 模型和带旋流修正的 k-ε 模型[27]。

通常，标准 k-ε 模型是应用的首选模型，它能模拟流动的真实情况，尤其适合于计算管道和通道中的湍流流动。但是在某些情况下，标准 k-ε 模型会过高地估计湍流量。例如，如果收敛喷管中的流动有法向应变，标准 k-ε 模型就会过高地估计湍流量，进而过高估计所得到的动能，在某些情况下其引起的有效黏性会妨碍对激波的计算。

RNG、NKE、GIR 和 SZL 模型在大应变区域能产生更为真实可靠的效果，特别适合于分析有强烈加、减速度(例如收敛喷管)和有分离或回流(例如，管道通过 180°弯头改变方向)的流动。对于有滞止点的流动，标准 k-ε 模型也会发生困难。

RNG k-ε 模型来源于严格的统计技术。它和标准 k-ε 模型很相似，区别在于以下改进：RNG k-ε 模型在 ε 方程中增加了一个条件，有效地改善了精度；考虑到湍流漩涡的影响，提高了这方面的精度；RNG k-ε 模型为湍流普朗特数提供了一个解析公式，而标准 k-ε 模型使用的是用户提供的常数；标准 k-ε 模型是一种高雷诺数的模型，RNG k-ε 模型提供了一个考虑低雷诺数流动黏性的解析公式。这些特点使得 RNG k-ε 模型比标准 k-ε 模型在更广泛的流动中有更高的可信度和精度[28]。

带旋流修正的 k-ε 模型是近期出现的，比起标准 k-ε 模型来有两个主要的不同点：为湍流黏性增加了一个公式；为耗散率增加了新的传输方程，这个方程来源于一个关于层流速度波动的精确方程。带旋流修正的 k-ε 模型对于平板和圆柱射流的发散比率有更精确的预测，而且它对于旋转流动、强逆压梯度的边界层流动、流动分离和二次流有很好的表现。带旋流修正的 k-ε 模型和 RNG k-ε 模型比标准 k-ε 模型在强流线弯曲、漩涡、扩散和旋转等方面都有更好的表现[29]。

魏新利等[30]用 k-ε 湍流模型分析搅拌反应器流场，结果显示标准 k-ε 模型和 RNG k-ε 模型均能较精确地预测搅拌槽内轴向的最大速率，但 RNG k-ε 模型所得结果更为精确；Magnico 等[31]也用两种 k-ε 方程对带双搅拌桨的搅拌槽进行了流场模拟，并用 PIV 技术进行实验验证。大量文献表明，标准 k-ε 模型稳定简单，可在较大的工程范围内得到足够的精度，但如果流动中有回流、高应变率或大曲率过流面等，RNG k-ε 模型会提供更精确的结果；在预测强旋流、浮力流、重力分层流、管道内流动、圆管射流以及带有分离的流动等方面，Realizable k-ε 模型会更加有效一些。

1.2.2　搅拌区域处理方法

搅拌反应器在模拟过程中面临的最大问题是由液面、器壁、搅拌桨和搅拌轴所围出的流动域的形状是随时间变化的[32]。为了解决运动的桨叶和静止的挡板之间的相互作用问题，许多研究者提出了各自不同的解决方法，主要有："黑箱"模型法(impeller boundary condition，IBC)[33]，内外迭代法(inner-outer，IO)[34]，多重参考系法(multiple reference frame，MRF)[35]，滑移网格法(sliding mesh，SM)[36]等。"黑箱"模型法和内外迭代法在早期受到关注，"黑箱"模型法由于通用性差而被限制了发展，内外迭代法由于收敛速度较慢以及大多数商业软件还未提供相应的模块而没有得到推广[37]。本书主要涉及多重参考系法及滑移网格法，多数 CFD 商业软件均植入这两个方法模块，近些年来这两种方法在搅拌反应器领域都得到不同程度的推广。

1.2.2.1　多重参考系法

MRF 将搅拌设备分成两个不重叠的区域，即搅拌桨区域和桨外区域，搅拌区域采用旋转坐标系，其他区域采用静止坐标系，两个不同区域速度的匹配直接通过交界面上的插值转换来实现。这种方法比较简单，适用于桨叶和挡板相互作用较小的情况。由于它是稳态计算，计算工作量相对较小，应用也十分广泛，近两年国内外有很多文献用此法对搅拌反应器的流场进行整体数值模拟。Liu 等[38]以锚式和 Rushton 桨同轴混合器为研究对象，用 MRF 对桨叶的旋转进行建模，利用 Euler-Euler 法和改进的 Brucato 阻力模型对搅拌釜中固相悬浮特性进行了模拟研究，并对临界悬浮转速进行预测，模拟结果与实验数据吻合良好。同时，对不同旋转方式下固相悬浮质量进行了对比。周勇军等[39]基于 MRF 对三叶后掠-HEDT 双层组合桨的搅拌槽内流动特性进行了数值模拟研究，探究了不同桨叶离底距离、桨叶间距和搅拌转速对流场的影响，具体分析了三叶后掠-HEDT 组合桨和三叶后掠-六直叶圆盘涡轮组合桨下搅拌槽内速度场和功率消耗的不同，并进行了实验验证。

1.2.2.2　滑移网格法

SM 是 20 世纪 90 年代中期发展起来的基于流场非稳态思想的一种方法，由于该法可以真实可靠地模拟搅拌桨与挡板之间的相互作用，当采用稳态计算方法不能完全真实反映大流动场时，SM 会得到更好的结果。但由于 SM 对网格精度要求比较高，该方法在计算时需要大量的 CPU 时间，在前后期处理也较为复杂。Javed 等[40]采用 FLUENT 软件及标准 k-ε 模型，用 SM 计算了结构比较复杂的搅拌槽内的流场以及加入示踪剂的混合过程；贾海洋等[41]应用 CFD 软件及 SM，采用标准湍流模型及欧拉法来建立流体力学模型，研究了搅拌器在不同转速及不同安装高度下流场的分布情况，分析了数值模拟和实验研究之间的功率消耗差异。通过数值模拟，为搅拌器的优化和放大提供参考。

1.2.3　搅拌反应器流场的 CFD 模拟

近年来对搅拌反应器内单相流流动场的 CFD 研究较多，对单相流场的数值模拟研究已经比较成熟。通过 CFD 数值模拟得到的流场信息与实验数据已经有比较好的一致性。

在国内，对搅拌反应器的 CFD 模拟也取得了一些成绩，杨锋苓等[42]阐述了运用 CFD 研究流场的几种重要方法，并对各种计算方法进行了比较和分析，总结了不同工况的模型选择。秦晓波等[43]通过计算流体力学软件对改进型框式组合桨在带内盘管搅拌釜内的流场进行了数值模拟，研究了在不同转速 N、离底距离 C_1 下釜内的流场。张国娟等[44]在 FLUENT 软件中运用多重参考系法及标准 k-ε 模型对六直叶涡轮桨搅拌槽内速度场与浓度场进行了求解，并对不同工艺条件下混合时间的变化进行了研究。罗松等[45]通过六折叶搅拌桨建立结构模型并对其进行网格划分，采用计算流体力学方法对在不同桨叶角度下的槽内流场分布规律及功率的影响进行了分析。

在国外，对搅拌反应器的流场的模拟也呈现多样化，Kasat 等[46]在 FLUENT 软件上模拟了一种固液反应器内液相流场以及反应器内的混合过程；Ochieng 等[47]运用 CFX 对带有多级搅拌桨而且中间空隙比较小的搅拌槽进行了单相流场的 CFD 模拟，并计算出该反应器的混合时间，与实验结果吻合较好；Srirugsa 等[48]采用 CFD 技术研究了连续搅拌釜反应器（CSTR）不同转速下六直叶涡轮桨和两直叶涡轮桨的流场。Fan 等[49]采用 CFD 的方法研究了层流状态下不同叶片倾斜角度的四斜叶桨及六直叶涡轮桨的流场，对轴向、径向和切向速度矢量图、速度轮廓图和速度分布曲线进行了综合分析。

1.2.4　停留时间分布和混合时间的 CFD 模拟

化学反应进行的完全程度与反应物料在反应器内的停留时间有关。停留时间分布能够反映混合器内流动过程的混合状况，为了解流动特性提供参考。近年来在模拟反应器的停留时间分布研究方面也取得了不少成绩。

在国内，刘天骐[50]利用基本多相流理论和计算流体力学的方法，对 KYF-0.2 型浮选机内矿浆的停留时间分布进行了数值模拟。袁琳阳等[51]运用实验流体力学方法对 30 L 浮选机液相进行了停留时间分布研究，实验采用刺激响应法，得到了浮选机的停留时间分布，与理想停留时间进行了对比。董红星等[52]采用 CFD 软件对间歇流场和连续流动单层及双层六直叶涡轮搅拌釜的三维流场进行了数值模拟，并对其停留时间分布进行了测定，通过方差讨论了搅拌桨转速及流量对流体流动状态的影响。孟辉波等[53]结合脉冲示踪法利用 CFD 的雷诺时均方程和重整化的湍流模型计算 SK 型静态混合器内的浓度响应曲线，并计算了平均停留时间和方差,研究了各因素之间的影响规律。总体来说对于停留时间分布的 CFD 模拟研究工作较多,但涉及多级搅拌桨式反应器的停留时间的数值模拟较少。

在国外,运用 CFD 模拟反应器内停留时间分布(residence time distribution, RTD)也做了许多工作[54-65],Demessie 等[66]采用 FLUENT 对搅拌釜光催化反应器中气体停留时间进行了数值模拟,模拟结果与实验数据吻合良好;Byung 等[67]运用 CFD 模拟了搅拌反应釜内气体停留时间分布及流动情况,模拟结果与实验数据接近。文献报道的该方面的研究都停留在间歇操作模拟的层面上,与实验结果没有进行很好的对比验证,并没有将模拟结果与所对应的实际流体流动状态及流型进行关联,也没有从这一角度分析其流动状况对反应结果的影响。

随着搅拌反应器 CFD 技术的发展,利用数值模拟方法来计算混合时间的应用愈加广泛。利用 CFD 方法可以方便地获得搅拌反应器内局部混合信息并可以节省大量的研究经费,而且可以获得实验手段所不能得到的数据。

搅拌反应器混合时间的模拟[31, 40, 46, 68-74]也有不少研究,Noorman 等[75]对单层搅拌槽内的混合过程进行了实验研究和数值模拟,其示踪剂响应曲线与实验结果趋势一致,但在细节上有较大差别。Ekambara 等[76]对反应器内液相的混合时间进行了实验和模拟研究,考虑了釜径、表观气速和高径比的影响,CFD 模型考虑了主体对流扩散和涡流扩散,模拟结果很好地吻合了实验结果。在此基础上,他们又将该模型应用于预测停留时间和轴向渗透系数。

1.2.5　搅拌反应器两相流动的 CFD 模拟

搅拌反应器内两相体系的数值研究始于 1977 年,加拿大学者 Anil 等[77]结合单相流体的分区流动模型,利用随机的方法对固-液体系中粒子的浓度分布做了分析,认为固体颗粒运动不外乎两种运动形式:随机运动及跟随流体的夹带运动,其主要取决于局部流体速度、颗粒的沉降速度以及局部湍流强度。

结合单相流动场的计算结果,1994 年 Bakker 等[78]模拟了搅拌槽内固液两相体系固相浓度分布,计算颗粒流动场时,假定固体颗粒相对于液相流体的滑移速度为定值,滑移速度值为颗粒自由沉降速度,并根据气体动力相似性推导出颗粒湍流扩散系统 D_s。求解颗粒连续方程得到固相浓度分布。

$$\frac{\partial}{\partial x_i}(\alpha u_{pi}) + \frac{\partial}{\partial x_j}\left[\frac{\partial}{\partial x_j}(D_s \alpha)\right] = 0 \qquad (1.1)$$

$$D_s = \frac{\sqrt{k}}{3\pi n_p d_p^2} \qquad (1.2)$$

式中：α——颗粒相局部体积分数；

$\quad\quad d_p$——颗粒直径；

$\quad\quad n_p$——颗粒数密度；

$\quad\quad u_{pi}$——颗粒速度；

$\quad\quad k$——湍流动能。

模拟结果表明，搅拌槽内流动形态是影响固相浓度分布的决定因素。

随着计算机技术及CFD的发展，近年来国内外对搅拌反应器固液两相流的研究也取得了不少成果，2002年徐姚、张政[79]用拉氏方法对旋转圆盘上固液两相流冲刷数值进行了模拟研究，得到了旋转圆盘内液体相和颗粒相的详细运动信息，包括液体流场的速度分布、颗粒运动状态、运动轨迹等，通过实验和模拟的数值比较，模拟的结果基本上是吻合的。

2003年钟丽、黄雄斌、贾志刚[80]使用商业软件FLUENT，用计算流体力学的方法研究了搅拌器的功率曲线、固液搅拌槽内固体浓度中 $\phi_v = 5\%$ 的离底悬浮临界转速和固液两相流连续相速度场。模拟结果和应用经验公式计算的结果很接近。

2004年，Wang等[81]用内外迭代法对搅拌槽内低浓度固液体系进行了数值模拟。此模拟的桨型为标准的六直叶涡轮桨，得到了判断固体颗粒完全离底悬浮的三种判据，并与实验数据有较好的吻合。

2005年，王振松等[82]利用CFD软件CFX对搅拌槽内固液流场进行了数值模拟，使用标准 k-ε 模型计算了清水与固液两相的流场，考察了槽内的流场的分布对固体颗粒悬浮状况的影响。

2006年，胥思平等[83]利用CFD软件，采用雷诺应力模型分别计算了300型和250型水力旋流除砂器的内流场，通过对所得结果的分析，发现模拟结果基本符合旋流除砂器的运行规律，表明改进的300型水力旋流除砂器的结构及分离能力优于原来250型水力旋流除砂器，为水力旋流除砂器的优化设计和选型提供了可靠的设计依据。

　　Montante 等[84]研究了在大高径比和多层叶轮搅拌槽内固液悬浮颗粒的颗粒分布,分别运用多相流 IO 模型(MFM-IO)和颗粒沉降速度模型(SVM)对固体颗粒的分布进行了模拟研究,发现用 MFM-IO 模拟和实验值吻合较好,而用 SVM 得到的值和实验值相似,实验值偏小,但 SVM 远远比 MFM-IO 简单、方便。Weetman[85]和 Naude 等[86]也做过相似的研究。

　　Bakker 等[87]运用 CFD 模拟了固液悬浮体系中固液两相流体对叶轮的冲击磨损,模拟的叶轮磨损部位与实际的结果吻合得较好。

第2章　CFD理论基础及研究方法

对于连续流动的均相反应器，总是期望能够通过对返混的数学描述并结合反应的动力学关系，达到对反应过程进行定量设计计算的目的。描述流动的基本微分 N-S 方程式是早已确立的，要用这种数学解析的方法求解，就要寻找解决问题的方法——数学模型方法，它是将流体设想成为一种扩散现象。数学模型方法的基本要点有以下几种[88]。

① 简化。把一个复杂的实际过程简化为物理图像较简单的物理模型。这里的简化，不是数学方程式上的某些简化，而是将考察的对象本身加以简化，简化到能作简单的数学描述。

② 等效性。所得的简化模型必须基本上等效于考察对象，否则就失真了。但是这种等效性是不全面的，而是服从于某一特定的目的。扩散模型在返混方面与原型是等效的，而在流动阻力方面却肯定与原型不等效。正是由于只要求服从某一特定目的的等效性，可以不拘泥于细枝末节，不需要逼真地描述考察对象，从而可以大刀阔斧地进行过程的简化。

③ 模型简化的程度体现在模型参数的个数。一般来说，在保证足够的等效性的前提下，模型参数越少越有效。

常用的模型除全混流和平推流模型外，还有扩散模型。

人们在研究和设计客观事物的原型时，常常采用物理模型和数学模型来预测。物理模型反映客观事物或真实系统的形象特征；数学模型是用字母、数字和各种数学符号去描述研究对象的本质，是关于部分现实世界和为一定目的而建立的概念、抽象和简化的数学结构。利用现代计算机技术和一定的方法去求解数学模型，将求得的数值结果与现实世界比较，进而调整数学模型中的各个参数，使之与客观事物的真实存在相符合，即通过数值模拟的方法对客观事物的特性进行研究，是工程设计中常用的一种手段[89]。如前所述，CFD 通过计算机和图像显示的方法，在时间和空间上定量描述流场的数值解，从而达到对物理问题研究的目的，其实质就是对具体的物理问题进行数值求解。它兼有理论性和实践性的双重特点，建立了许多理论和方法，为现代科学中许多复杂流动与传热问题提供了有效的计算技术[22, 90]。

本书采用 CFD 商用软件 ANSYS 在并行机上进行模拟计算，整个模拟计算过程采用并行计算技术在双 Intel Xeon 3.0 GHz CPU，16GB 内存的工作站完成，如图 2.1 所示。

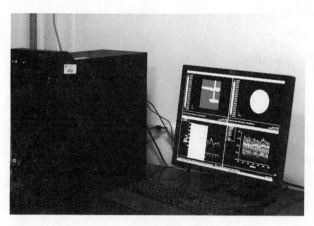

图 2.1　模拟计算工作站

2.1　CFD 基本理论与方法

2.1.1　控制方程

流体流动与传热受到物理守恒定律的支配，基本的守恒定律包括：质量守恒定律、动量守恒定律、能量守恒定律。如果流动处于湍流状态，系统还要遵守湍流方程[28, 91-95]，控制方程是这些守恒定律的数学描述。

（1）质量守恒方程（连续性方程）

质量守恒方程可表述为，单位时间内微元体质量的增加等于同一时间间隔内进入该微元体的净质量：

$$\frac{\partial \rho}{\partial t}+\frac{\partial (\rho u)}{\partial x}+\frac{\partial (\rho v)}{\partial y}+\frac{\partial (\rho w)}{\partial z}=0 \tag{2.1}$$

式（2.1）中第 2、3、4 项为质量流密度（单位时间内通过单位面积的流体质量)的散度，故可用矢量符号写为：

$$\frac{\partial \rho}{\partial x} + \text{div}(\rho \boldsymbol{U}) = 0 \tag{2.2}$$

式中：ρ——流体密度；

    t——时间；

    $\boldsymbol{U}$——速度矢量；

u，v，w——速度矢量 $\boldsymbol{U}$ 在 x，y，z 三个坐标方向上的分量。

（2）动量守恒方程

动量守恒方程可表述为：微元体中流体动量对时间的变化率，等于外界作用在该微元体上的各种力之和。

按这一定律，可以得出 x，y，z 三个方向的动量守恒方程：

$$\frac{\partial(\rho u)}{\partial t} + \frac{\partial(\rho u u)}{\partial x} + \frac{\partial(\rho v u)}{\partial y} + \frac{\partial(\rho w u)}{\partial z}$$

$$= \rho f_x - \frac{\partial P}{\partial x} + \frac{\partial}{\partial x}\left(2\mu\frac{\partial u}{\partial x} + \bar{\lambda}\,\text{div}\boldsymbol{U}\right) + \frac{\partial}{\partial y}\left[\mu\left(\frac{\partial v}{\partial x} + \frac{\partial u}{\partial y}\right)\right] + \frac{\partial}{\partial z}\left[\mu\left(\frac{\partial w}{\partial x} + \frac{\partial u}{\partial z}\right)\right] \tag{2.3}$$

$$\frac{\partial(\rho v)}{\partial t} + \frac{\partial(\rho u v)}{\partial x} + \frac{\partial(\rho v v)}{\partial y} + \frac{\partial(\rho w v)}{\partial z}$$

$$= \rho f_y - \frac{\partial P}{\partial y} + \frac{\partial}{\partial y}\left(2\mu\frac{\partial v}{\partial y} + \bar{\lambda}\,\text{div}\boldsymbol{U}\right) + \frac{\partial}{\partial x}\left[\mu\left(\frac{\partial v}{\partial x} + \frac{\partial u}{\partial y}\right)\right] + \frac{\partial}{\partial z}\left[\mu\left(\frac{\partial w}{\partial y} + \frac{\partial v}{\partial z}\right)\right] \tag{2.4}$$

$$\frac{\partial(\rho w)}{\partial t} + \frac{\partial(\rho u w)}{\partial x} + \frac{\partial(\rho v w)}{\partial y} + \frac{\partial(\rho w w)}{\partial z}$$

$$= \rho f_z - \frac{\partial P}{\partial z} + \frac{\partial}{\partial z}\left(2\mu\frac{\partial w}{\partial z} + \bar{\lambda}\,\text{div}\boldsymbol{U}\right) + \frac{\partial}{\partial x}\left[\mu\left(\frac{\partial u}{\partial z} + \frac{\partial w}{\partial x}\right)\right] + \frac{\partial}{\partial y}\left[\mu\left(\frac{\partial w}{\partial y} + \frac{\partial v}{\partial z}\right)\right] \tag{2.5}$$

式中：f——流体单位质量的体积力；

    μ——流体的动力黏度；

    P——流体的压力；

    $\bar{\lambda}$——流体的第二分子黏度。

令 $\mathbf{grad}(\ ) = \partial(\ )/\partial x + \partial(\ )/\partial y + \partial(\ )/\partial z$，则上三式可写为矢量形式：

$$\frac{\partial(\rho u)}{\partial t} + \text{div}(\rho u \boldsymbol{U}) = \text{div}(\mu\,\mathbf{grad}\,u) - \frac{\partial P}{\partial x} + S_u \tag{2.6}$$

$$\frac{\partial(\rho v)}{\partial t} + \text{div}(\rho v \boldsymbol{U}) = \text{div}(\mu\,\mathbf{grad}\,v) - \frac{\partial P}{\partial y} + S_v \tag{2.7}$$

$$\frac{\partial(\rho w)}{\partial t}+\mathrm{div}(\rho w\boldsymbol{U})=\mathrm{div}(\mu\,\mathbf{grad}w)-\frac{\partial P}{\partial z}+S_w \tag{2.8}$$

S_u，S_v，S_w 是三个动量守恒方程的广义源项，其表达式为

$$S_u=\frac{\partial}{\partial x}\left(\mu\,\frac{\partial u}{\partial x}\right)+\frac{\partial}{\partial y}\left(\mu\,\frac{\partial v}{\partial x}\right)+\frac{\partial}{\partial z}\left(\mu\,\frac{\partial w}{\partial x}\right)+\frac{\partial}{\partial x}(\bar{\lambda}\,\mathrm{div}\boldsymbol{U}) \tag{2.9}$$

$$S_v=\frac{\partial}{\partial x}\left(\mu\,\frac{\partial u}{\partial y}\right)+\frac{\partial}{\partial y}\left(\mu\,\frac{\partial v}{\partial y}\right)+\frac{\partial}{\partial z}\left(\mu\,\frac{\partial w}{\partial y}\right)+\frac{\partial}{\partial y}(\bar{\lambda}\,\mathrm{div}\boldsymbol{U}) \tag{2.10}$$

$$S_w=\frac{\partial}{\partial x}\left(\mu\,\frac{\partial u}{\partial z}\right)+\frac{\partial}{\partial y}\left(\mu\,\frac{\partial v}{\partial z}\right)+\frac{\partial}{\partial z}\left(\mu\,\frac{\partial w}{\partial z}\right)+\frac{\partial}{\partial z}(\bar{\lambda}\,\mathrm{div}\boldsymbol{U}) \tag{2.11}$$

动量守恒方程也称作运动方程，还称为 N-S 方程。

（3）能量守恒方程

能量守恒方程是包含有热交换的流动系统必须满足的基本定律，可表述为：微元体中能量的增加率等于进入微元体的净热流量加上体力与面力对微元体所做的功[27]。

按照这一定律，可得到以温度 T 为变量的能量守恒方程：

$$\frac{\partial(\rho T)}{\partial t}+\frac{\partial(\rho u T)}{\partial x}+\frac{\partial(\rho v T)}{\partial y}+\frac{\partial(\rho w T)}{\partial z}=$$
$$\frac{\partial}{\partial x}\left(\frac{\lambda}{C_p}\frac{\partial T}{\partial x}\right)+\frac{\partial}{\partial y}\left(\frac{\lambda}{C_p}\frac{\partial T}{\partial y}\right)+\frac{\partial}{\partial z}\left(\frac{\lambda}{C_p}\frac{\partial T}{\partial z}\right)+S_T \tag{2.12}$$

式（2.12）可写为矢量形式：

$$\frac{\partial(\rho T)}{\partial t}+\mathrm{div}(\rho\boldsymbol{U}T)=\mathrm{div}\left(\frac{\lambda}{C_p}\mathbf{grad}T\right)+S_T \tag{2.13}$$

式中，C_p——比热容；

$\quad\quad T$——温度；

$\quad\quad \lambda$——流体的导热系数；

$\quad\quad S_T$——黏性耗散项，即流体的内热源及由于黏性作用流体机械能转换为热能的部分。

综合各基本方程，共包含 6 个未知量：u，v，w，P，T，ρ，还需要补充一个联系 P 和 ρ 的状态方程，方程组才能封闭：

$$P=f(\rho，T) \tag{2.14}$$

在本书中不涉及温度的变化，故只考虑质量守恒方程及动量守恒方程，不考虑能量守恒方程。

2.1.2 湍流数值模拟方法

湍流数值模拟方法[96]就其已采用的计算方法，大致可分为以下三类：

（1）完全数值模拟（DNS）

完全数值模拟又叫直接数值模拟，是用非稳态的 N-S 方程来对湍流进行直接计算的方法。由于湍流运动是复杂不规则的，必须采用很小的空间和时间步长，因此 DNS 需要耗费极大的时间和计算成本，其所需要的计算要求现阶段仅有极少数能使用超级计算机的研究者才有条件探索这种方法。Verzicco 等[97]最早利用 DNS 研究了无挡板单相搅拌槽中的流动，研究结果表明，虽然雷诺数较低，但搅拌槽内的流动仍表现出了明显的非均一性和不稳定性。通过与 RANS 的计算结果对比发现，DNS 结果明显更好一点，但计算量远高于 RANS 方法。其采用约 2×10^6 个网格，计算时间步长 9.51×10^6 s，模拟了 1/8 的搅拌槽。桨叶旋转一圈所需计算时间为 1.9 h，整个过程需转动 60 圈，所需计算时间约为 5 天。

（2）大涡模拟（LES）

按照湍流的涡旋学说，湍流的脉动与混合主要是由大尺寸的涡造成的。大尺寸的涡从主流中获得能量，它们是高度的各向异性的，而且随流动的情况而异。大尺寸的涡通过相互作用把能量传递给小尺寸的涡，小尺寸的涡主要作用是耗散能量，它们几乎是各向同性的，而且不同流动中的小尺度涡差异不大。基于上述观点，产生了大尺度涡模拟的数值解法。该方法旨在用非稳态的 N-S 方程来直接模拟大尺度涡，但不直接计算小尺度涡，小涡对于大涡的影响，用近似的模型来考虑，随着计算机技术的发展，这种数值方法已经有了一些成果报道。

（3）雷诺时均方程法（RANS）

在工程应用中，人们对湍流的脉动量往往不太关注，最为关心的是流动要素的时均值。描述流动要素时均值的雷诺时均方程法是目前工程湍流计算中所采用的基本方法。在这类方法里，将非稳态的 N-S 方程对时间作平均，在所得出的关于时均物理量的控制方程中包含了脉动量的时间平均值等未知量，于是所得方程的个数少于未知量的个数。而且不可能依靠进一步的时均处理来使控制方程组封闭。要使不封闭的雷诺时均方程封闭，必须做出某种假设，即建立封闭模型。这种模型把未知的较高阶的时间平均值表示成较低阶的在计算中可以确定的某种量的函数。由于这种表示方法的差异很大，因而形成繁简悬殊的湍流模型。

以雷诺时均方程法为基础的湍流模型可以分为两大类：第一类是雷诺应力模型，这种模型是对雷诺方程再取时均值，得到关于雷诺应力的偏微分方程，在此过程中，又产生了更高一阶的脉动附加项，还需要再去封闭。这种模型有代数雷诺应力模型（ARSM）及雷诺应力模型（RSM）。第二类是涡黏度（湍流黏度）模型（EVM），主要基于 Boussinesq 假设，把雷诺应力表示成湍流黏性系数的函数。这种模型可分为：零方程模型、一方程模型、两方程模型及修正的两方程模型，大部分的湍流模型都属于这种类型。在湍流的工程计算中，$k\text{-}\varepsilon$ 的双方程湍流模型应用最为广泛且最为成功。

本书中分别用到了大涡模拟和以雷诺时均方程法为基础的标准 $k\text{-}\varepsilon$ 模型，下面将大涡模拟以及雷诺时均方程法的方程及模型作简单的介绍。

2.1.3　大涡模拟方程及模型

在 Fourier 空间或物理空间对 N-S 方程进行滤波即可获得大涡模拟的控制方程，滤波后的计算中，小于滤波宽度或网格尺度的涡被过滤掉，而大尺度涡则直接通过方程求解。

对变量进行滤波的定义如下：

$$\overline{\phi}(x) = \int_D \phi(y) G(x, y)\,\mathrm{d}y \tag{2.15}$$

其中，D 为计算域，$G(x, y)$ 为滤波函数，决定求解尺度的大小。

在有限体积方法的离散过程中，变量的定义为

$$\overline{\phi}(x) = \frac{1}{V}\int_D \phi(y)\,\mathrm{d}y,\ y \in D \tag{2.16}$$

其中，V 为计算网格的体积。该离散过程可视为一次滤波操作，滤波函数为盒式滤波器，即：

$$G(x, y) = \begin{cases} 1/V, & |x-y| \in D \\ 0, & \text{其他} \end{cases} \tag{2.17}$$

对不可压缩流体流动而言，滤波后的 N-S 方程如下：

$$\frac{\partial \overline{u_i}}{\partial x_i} = 0 \tag{2.18}$$

$$\frac{\partial \overline{u_i}}{\partial t} + \frac{\partial \overline{u_i u_j}}{\partial x_j} = -\frac{1}{\rho}\frac{\partial \overline{P}}{\partial x_i} + v\frac{\partial^2 \overline{u_i}}{\partial x_i \partial x_j} - \frac{\partial \tau_{ij}}{\partial x_j} \tag{2.19}$$

其中，τ_{ij} 为亚格子（SGS）应力，即

$$\tau_{ij} = \overline{u_i u_j} - \overline{u_i}\ \overline{u_j} \tag{2.20}$$

上述方程中，亚格子应力为非封闭项，需进行模化处理。在涡黏模型中，亚格子应力可通过下式求解：

$$\tau_{ij} - \frac{1}{3}\delta_{ij}\tau_{kk} = -2v_t\ \overline{S_{ij}} \tag{2.21}$$

其中，v_t 为亚格子涡黏系统，$\overline{S_{ij}}$ 为应变速率张量，即

$$\overline{S_{ij}} = \frac{1}{2}\left(\frac{\partial \overline{u_i}}{\partial x_j} + \frac{\partial \overline{u_j}}{\partial x_i}\right) \tag{2.22}$$

在涡黏系数的确定方面，不同研究者提出了多种处理方法，即构造了多种亚格子模式，其中包括标准 Smagorinsky 模式（SSL）、Smagorinsky 动力模式（DSL）和亚格子动能动力模式（DKE）。

2.1.3.1　Smagorinsky 模式

Smagorinsky[98] 提出了最简单的涡黏系数计算公式，即

$$\nu_t = (C_s\Delta)^2 |\overline{S}| \tag{2.23}$$

其中，C_s 为 Smagorinsky 系数，$\Delta = V^{1/3}$ 为滤波宽度，$|\overline{S}| = \sqrt{2\ \overline{S_{ij}S_{ij}}}$ 为大尺度的应变速率的幅值，这样，亚格子应力为：

$$\tau_{ij} - \frac{1}{3}\delta_{ij}\tau_{kk} = -2\ (C_s\Delta)^2 |\overline{S}|\overline{S_{ij}} \tag{2.24}$$

标准 Smagorinsky 模式是耗散型的，与黏性流体运动的计算程序有很好的适应性，是最早运用于大气和工程中的亚格子应力模式。但是该模式主要的缺点是耗散过大，尤其在近壁区和层流到湍流的过渡阶段。为克服该缺点，不得不借用 RANS 涡黏模式中的壁函数或低雷诺数修正，如采用近壁阻尼公式，即用下式的 L_s 取代 $C_s\Delta$：

$$L_s = C_s\Delta[1-\exp(y^+/A^+)],\ A^+ = 26 \tag{2.25}$$

在 FLUENT 软件中，L_s 的计算公式如下：

$$L_s = \min(\kappa d,\ C_s V^{1/3}) \tag{2.26}$$

其中，κ 为 von Karman 常数，d 为网格中心到最近壁面的距离，$C_s\Delta = 0.1$。

2.1.3.2　Smagorinsky 动力模式

从实际流动情况来看，对于各种复杂的流动，存在唯一的 Smagorinsky 常系数的可能性很小，而动力模式则可以根据实际流动情况动态确定模式的系数。

以标准 Smagorinsky 模式为基准，动态确定其模式系数，即为 Smagorinsky 动力模式。

动力模式方法需要对流场进行二次滤波。二次滤波后不可压缩流动的 N-S 方程如下：

$$\frac{\partial \widetilde{\overline{u_i}}}{\partial x_i} = 0 \tag{2.27}$$

$$\frac{\partial \widetilde{\overline{u_i}}}{\partial t} + \frac{\partial \widetilde{\overline{u_i u_j}}}{\partial x_j} = -\frac{1}{\rho}\frac{\partial \widetilde{\overline{P}}}{\partial x_i} + \nu\frac{\partial^2 \widetilde{\overline{u_i}}}{\partial x_j \partial x_j} - \frac{\partial T_{ij}}{\partial x_j} \tag{2.28}$$

其中，T_{ij} 为二次滤波后的亚格子应力：

$$T_{ij} = \widetilde{\overline{u_i u_j}} - \widetilde{\overline{u_i}}\ \widetilde{\overline{u_j}} \tag{2.29}$$

与网格滤波后产生的亚格子应力类似，T_{ij} 可表示如下：

$$T_{ij} - \frac{1}{3}\delta_{ij}T_{kk} = -2\ (C_s\widetilde{\overline{\Delta}})^2 |\widetilde{\overline{S}}|\widetilde{\overline{S}}_{ij} \tag{2.30}$$

T_{ij} 和 τ_{ij} 的关系如下：

$$L_{ij} = T_{ij} - \widetilde{\tau_{ij}} = \widetilde{\overline{u_i}\overline{u_j}} - \widetilde{\overline{u_i u_j}} \tag{2.31}$$

该式的物理意义是二次滤波后的亚格子等于粗细网格上的亚格子应力差，L_{ij} 可直接由已求解尺度获得，通过该公式确定模型系数，即

$$L_{ij} = \frac{1}{3}\delta_{ij}L_{kk} = C_s^2 M_{ij} \tag{2.32}$$

其中：

$$M_{ij} = -2\ \widetilde{\overline{\Delta}}^2 |\widetilde{\overline{S}}|\widetilde{\overline{S}}_{ij} + 2\Delta^2\ \widetilde{|\overline{S}|\overline{S}_{ij}} \tag{2.33}$$

根据上述方程，按照 Lilly 的思想

$$E = \left(L_{ij} - \frac{1}{3}\delta_{ij}L_{kk} - C_s^2 M_{ij}\right)^2 \tag{2.34}$$

取 $\partial E/\partial C_s^2 = 0$，即可获得

$$C_s^2 = \frac{L_{ij}M_{ij}}{M_{ij}M_{ij}} \tag{2.35}$$

FLUENT 软件为避免计算不稳定，对系数的范围进行了限制，如假定其恒

为正值，没有考虑尺度间的"反传"效应。此外，如何采用统计平均的方法来动态确定模型系数也需要谨慎对待。

2.1.3.3 亚格子动能动力模式

标准 Smagorinsky 及其动力模式本质上属于代数模型，基于局部平衡假设，即由可解尺度向不可解尺度的能量传输率等于湍流动能耗散率，亚格子应力由速度场直接求解。Kim[99]提出了亚格子动能动力模式，考虑了流场中的历史和非局部效应，通过求解亚格子动能方程来得到亚格子应力，对非平衡湍流等复杂流动问题的适应性较好。

亚格子动能的定义为

$$k_{sgs} = \frac{1}{2}(\overline{u_k^2} - \overline{u}_k^2) \tag{2.36}$$

亚格子涡黏系数可由亚格子动能获得，即

$$\nu_t = C_k k_{sgs}^{1/2} \Delta \tag{2.37}$$

这样，亚格子应力为

$$\tau_{ij} - \frac{2}{3}k_{sgs}\delta_{ij} = -2C_k k_{sgs}^{1/2}\Delta \, \overline{S}_{ij} \tag{2.38}$$

k_{sgs}可通过求解其输运方程获得：

$$\frac{\partial k_{sgs}}{\partial t} + \frac{\partial \overline{u}_j k_{sgs}}{\partial x_j} = -\tau_{ij}\frac{\partial \overline{u}_i}{\partial x_j} - C_\varepsilon \frac{k_{sgs}^{3/2}}{\Delta} + \frac{\partial}{\partial x_j}\left(\frac{\nu_t}{\sigma_k}\frac{\partial k_{sgs}}{\partial x_j}\right) \tag{2.39}$$

其中，模型参数 C_k，C_ε 可根据流场信息动态获得，$\sigma_k = 1.0$。

2.1.4 雷诺时均方程法方程及模型

对于不可压缩牛顿流体，当 μ 为常数时，N-S 方程为

$$\frac{\partial u_i}{\partial x_i} = 0 \tag{2.40}$$

$$\frac{\partial u_i}{\partial t} + \frac{\partial u_i u_j}{\partial x_j} = -\frac{1}{\rho}\frac{\partial p}{\partial x_i} + v\frac{\partial^2 u_i}{\partial x_i \partial x_j} \tag{2.41}$$

将 N-S 方程进行雷诺时均处理，并写成通用形式，即

$$\frac{\partial(\overline{\rho\phi})}{\partial t} + \frac{\partial(\rho\,\overline{u_j\phi})}{\partial x_j} = \frac{\partial}{\partial x_j}\left(\Gamma\frac{\partial\overline{\phi}}{\partial x_j} - \rho\,\overline{u_i'u_j'}\right) + S \tag{2.42}$$

N-S 方程的二次项在时均化处理后产生了包含脉动值的附加项，代表由于

湍流脉动所引起的能量转移,其中$-\rho\overline{u_i'u_j'}$为雷诺应力,属于不封闭项,需要引入湍流模型将其与湍流的时均值联系起来[100]。

基于雷诺时均方程的湍流模拟方法分雷诺应力方程方法和湍流黏性系数方法两种。雷诺应力方程法对雷诺方程作各种运算,该过程又引入更高阶的附加项,然后使其封闭,计算量较大,本书略去对其方程的叙述。湍流黏性系数法把湍流应力表示成湍流黏性系数的函数,按照 Boussinesp 假设,不可压缩流体的湍流应力可表示为

$$-\rho\overline{u_i'u_j'}=-p_t\delta_{ij}+\mu_t\left(\frac{\partial u_i}{\partial x_j}+\frac{\partial u_j}{\partial x_i}\right)\tag{2.43}$$

其中各物理量均为时均值,符号略去,p_t为脉动速度造成的压力:

$$p_t=\frac{1}{3}\rho(\overline{u'^2}+\overline{v'^2}+\overline{w'^2})=\frac{2}{3}\rho k\tag{2.44}$$

其中,k为单位质量流体湍流脉动动能;μ_t为湍流黏性系数,取决于流动状态,与取决于物性参数的分子黏性系数μ不同。

这样,将湍流黏性系数与时均参数联系起来即构成该方法下的各种湍流模型。根据微分方程数目可分零方程模型、一方程模型及两方程模型等。其中两方程模型以标准k-ε两方程模型应用最为广泛。

标准k-ε两方程模型的控制方程如下:

$$\rho\frac{\partial k}{\partial t}+\rho\overline{u_j}\frac{\partial k}{\partial x_j}=\frac{\partial}{\partial x_j}\left(\mu+\frac{\mu_t}{\sigma_k}\right)\frac{\partial k}{\partial x_j}+\mu\frac{\partial\overline{u_i}}{\partial x_j}\left(\frac{\partial\overline{u_i}}{\partial x_j}+\frac{\partial\overline{u_j}}{\partial x_i}\right)-\rho\varepsilon\tag{2.45}$$

$$\rho\frac{\partial\varepsilon}{\partial t}+\rho\overline{u_j}\frac{\partial\varepsilon}{\partial x_j}=\frac{\partial}{\partial x_j}\left(\mu+\frac{\mu_t}{\sigma_\varepsilon}\right)\frac{\partial\varepsilon}{\partial x_j}+\frac{C_1\varepsilon}{k}\mu_t\frac{\partial\overline{u_i}}{\partial x_k}\left(\frac{\partial\overline{u_i}}{\partial x_k}+\frac{\partial\overline{u_k}}{\partial x_i}\right)-\frac{C_2\rho\varepsilon^2}{k}\tag{2.46}$$

其中:

$$\varepsilon=C_D k^{3/2}/l\tag{2.47}$$

$$\mu_t=C_\mu\rho k^2/\varepsilon\tag{2.48}$$

模型参数值:$C_1=1.44$,$C_2=1.92$,$C_\mu=0.09$,$\sigma_k=1.0$,$\sigma_\varepsilon=1.3$。

上述常数主要是根据一些特定条件下的试验结果而确定的。两方程模型被广泛地用来计算边界层流动、管内流动、剪切流动等,并取得了相当的成功。但是该模型本身有一定的局限性,所以其经验常数也有一定的使用范围。

上述两方程模型又称为高雷诺数模型;适用于离开壁面一定距离的湍流区域。在与壁面相邻的黏性区域内,雷诺数很低,必须考虑分子黏性的影响,可

以采用壁面函数法来处理。其基本思想可归纳如下。

① 假设在所计算问题的壁面附近黏性层以外的区域，无量纲速度分布服从对数分布律为：

$$u^+ = \frac{1}{k}\ln(Ey^+) \tag{2.49}$$

其中：

$$y^+ = \frac{y(c_\mu^{1/4}k^{1/2})}{v} \tag{2.50}$$

$$u^+ = \frac{u(c_\mu^{1/4}k^{1/2})}{\tau_w} \cdot \rho \tag{2.51}$$

② 在划分网格时，把第一个内节点 P 布置到对数分布律成立的范围内，即配置到旺盛流区域。

③ 在第一个内节点上与壁面相平行的流速应满足对数分布律：

$$\frac{u_P(c_\mu^{1/4}k_P^{1/2})}{\tau_w} \cdot \rho = \frac{1}{k}\ln\left[Ey_P\frac{(c_\mu^{1/4}k_P^{1/2})^{1/2}}{v}\right] \tag{2.52}$$

④ 确定内节点 P 上的 k_P 和 ε_P。k_P 可以按 k 方程计算。通常按混合长度理论计算此处的 l，然后可得到 ε_P 的计算式：

$$\varepsilon_P = \frac{c_\mu^{3/4}k_P^{3/2}}{ky_P} \tag{2.53}$$

在标准 $k-\varepsilon$ 模型基础上，不同研究者提出了多种改进的 $k-\varepsilon$ 模型，如非线性 $k-\varepsilon$ 模型、多尺度 $k-\varepsilon$ 模型、重整化群 $k-\varepsilon$ 模型及 Realizable $k-\varepsilon$ 模型等。

2.1.5　CFD 软件介绍

CFD 软件是专门用来进行流场分析、流场计算、流场预测的软件。通过 CFD 软件，可以计算并且分析发生在流场中的现象，能在比较短的时间内预测性能，并通过改变各种参数，达到最佳设计效果。通过 CFD 的数值模拟，可以更加深刻地理解问题产生的机理，为实验提供指导，节省实验所需的人力、物力和时间，并对实验结果的整理和规律的得出起到很好的指导作用。

随着计算机硬件和软件技术的发展及数值计算方法的日趋成熟，出现了基于现有流动理论的商用 CFD 软件。商用 CFD 软件使许多不擅长 CFD 的其他专业的研究人员能够轻松地进行流动数值计算，从而将研究人员从编制繁杂、重复性的程序中解放出来，把更多的精力投入到考虑所计算的流动问题的物理本质、问题的提法、边界（初值）条件和计算结果的合理解释等重要方面。商用 CFD 软件发挥了 CFD 软件开发人员和其他专业研究人员各自的智力优势，为解决实际工程问题开辟了道路。使用 CFD，首先应建立所研究的系统或装置的物理模型；然后将流体流动的物理特性应用到虚拟的计算模型，CFD 软件将输出需要的流体动力性质。CFD 是一种高级的分析技术，它不仅可以预测流体的行为，同时还可以得到传质（如分离和溶解）、传热、相变（如凝固和沸腾）、化学反应（如燃烧）、机械运动（如涡轮机）以及相关结构的压力和变形（如风中桅杆的弯曲）等的性质。

自 20 世纪 80 年代以来，流体机械内部流动的数值计算逐步发展并将直接求解多维欧拉方程和时均 N-S 方程等的计算方法标准化，成为商业软件。CFD 软件包的出现与商业化，对 CFD 技术在工程应用中的推广起了巨大的促进作用。常见的 CFD 软件有：FLUENT、Phoenics、CFX[101~102]、STAR-CD、FIDAP-FLOW-3D、COMMIX 等。除了通用的 CFD 软件，还有一些专门 CFD 软件，例如 FLUENT 公司开发的专门对搅拌槽进行模拟的软件 MIXSIM。这些软件大都采用有限体积法进行数值计算，并提供丰富的物理性质模型和网格划分方法等。有些软件如 Phoenics 还可利用用户提供的新的湍流模型和数值解法进行模拟，有较强的灵活性。这些新版软件的用户界面十分友好，易于操作。CFD 软件的使用不但节省了用于建模、计算机编程、偏微分方程组求解等工作的时间和精力，还有力地支持了研究者对复杂流体流动问题本身进行深入细致的研究，推动计算流体力学学科更深入发展。

本书拟采用 FLUENT 6.3 软件模拟管式搅拌反应器中的流场及相关特性。FLUENT 及其多种专用版本，市场占有率达 40% 左右。它由美国 FLUENT 公司于 1982 年推出，是继 Phoenics 软件之后第二个投放市场的基于有限容积法的软件。FLUENT 的设计基于"CFD 计算机软件群的概念"，可以解决各个领域的复杂流动的计算问题。软件群中的各软件之间可以方便地进行数值交换并采用统一的前、后处理工具，这就避免了科研工作者在计算方法、编程、前后处理等方面投入重复、低效的劳动，使其可以将主要精力用于物理问题本身的探索上[103~104]。

FLUENT 包含结构化网格和非结构化网格两个版本。在结构化网格版本（4.0）中有适体坐标的前处理软件，同时也可以导入 PATRAN, ANSYS 及 CI-EMCFD 等专门生成网格的软件。速度与压力耦合采用同位网格上的 SIMPLEC 算法。对流项差分格式加入了一阶迎风、中心差分及 QUICK 等格式。代数方程求解可以采用多重网格及最小残差法。湍流模型有标准 k-ε 模型、RNG k-ε 模型及雷诺应力模型。在辐射换热计算方面加入了射线跟踪法。可以计算的物理问题类型包括：定常与非定常流动；不可压缩和可压缩流动；含有粒子/液滴的蒸发、燃烧过程；多组分介质的化学反应过程等。在其非结构化网格的版本（FLUENT/UNS）中采用容积有限元法。在该方法中采用类似于控制容积法来离散方程，因而可以保证数值计算结果的守恒特性，同时可以采用非结构化网格上的多重网格方法求解代数方程。

FLUENT 软件还提供了多种湍流处理方法，图 2.2 为多种湍流模型对 FLU-ENT 提供的模型关系示意图。

图 2.2　湍流模型示意图

FLUENT 软件能够解决许多物理问题，如定常和非定常流动，层流（包括各种非牛顿流模型）和湍流（包括最先进的湍流模型），不可压缩和可压缩流动，传热、化学反应，等等。针对每一种物理问题的流动特点，有适合它的数值解法，用户可对显式或隐式差分格式进行选择，以期在计算速度、稳定性和精度等方面达到最佳。该软件只需要填几个参数，读入一两个数据文件就可以实现对参数、初始条件、边界条件的改变。不仅保证了结果的可靠性，也大大节省了研究者的时间和精力。

2.2　搅拌反应器桨叶模型

针对搅拌反应器旋转桨叶与静止器壁之间的相互作用，不同研究者提出了多种不同的解决方法[105]。

目前常用的是多重参考系法（MRF）和滑移网格法（SM），这两种方法也已经植入到 FLUENT 软件中。

2.2.1　多重参考系法

这种方法在计算时将流体域分成两大部分，一部分是旋转的桨叶，另一部分是静止区域，两个区域的计算分别采用两个坐标系来进行，即桨叶所在的区域采用旋转参考系，另一部分采用静止参考系。多重参考系方法中两参考系的交界面处，假定流动为稳态，即交界面上的速度对于两个参考系来说必须是一样的，在整个计算过程中单元节点是静止的。

MRF 中的公式表达依赖于所应用的速度表达式。在该方法中，计算域被分为若干子域，每个子域相对于原始物理坐标的运动状态不同。为了便于计算，设定不同的子域参考系，然后在子域参考系上建立每个子域内的控制方程。若使用相对速度，每个子域的速度是相对于子域的运动而计算出的。速度和速度梯度在运动参考系与绝对静止参考系之间相互转化的表达式为

$$\boldsymbol{v} = \boldsymbol{v}_r + (\boldsymbol{\omega} \times \boldsymbol{r}) + \boldsymbol{v}_t \tag{2.54}$$

这里的速度 $\boldsymbol{v}$ 是绝对惯性参考系中的速度，$\boldsymbol{v}_r$ 是相对非惯性参考系的速度，$\boldsymbol{v}_t$ 是非惯性参考系的平移速度。根据相对速度的定义，绝对速度向量的梯度则用下式表达：

$$\nabla \boldsymbol{v} = \nabla \boldsymbol{v}_r + \nabla (\boldsymbol{\omega} \times \boldsymbol{r}) \tag{2.55}$$

上两式中的 $\boldsymbol{r}$ 在绝对坐标系和相对坐标系之间相互转化的表达式为：

$$\boldsymbol{r} = \boldsymbol{x} - \boldsymbol{x}_0 \tag{2.56}$$

这里的 $\boldsymbol{x}$ 是笛卡儿坐标系中的位置向量，$\boldsymbol{x}_0$ 是计算子域旋转轴的原点位置，如图 2.3 所示。

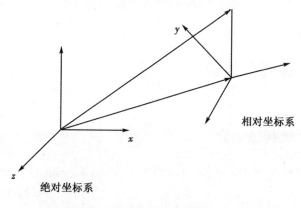

y

x

z

相对坐标系

绝对坐标系

图 2.3　MRF 中的两坐标系关系

应用 MRF 进行模拟计算时，在两子域间的边界上，控制方程的扩散项和其他项相邻子域内的速度值才能求解。

2.2.2 滑移网格法

滑移网格法计算时网格的划分与多重参考系法完全一样，计算域也是包含两部分，即运动的桨叶部分和其他静止部分。与多重参考系法不同的是，滑移网格法计算时只有一个静止坐标系，对内外网格的处理是外部的网格静止，内部的网格随搅拌桨一起转动，滑移网格方法中的交界面两侧的网格模型存在相互运动，需对穿过该交界面的能量进行计算，以保证守恒。如图 2.4 所示，两部分之间滑移界面进行插值处理，因此，滑移网格法适合的是非定常的计算，计算的是各个时刻的瞬时值。

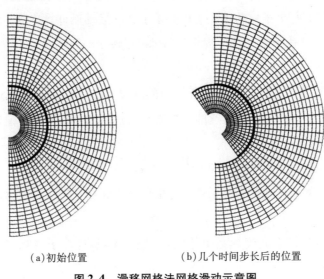

(a)初始位置   (b)几个时间步长后的位置

图 2.4　滑移网格法网格滑动示意图

2.3　多相流模型

2.3.1　多相流模型简介

多相流模型有两种：欧拉－拉格朗日（Euler-Lagrange）模型和欧拉－欧拉（Euler-Euler）模型。

（1）欧拉-拉格朗日模型

欧拉-拉格朗日模型是将流体相作为连续相，利用欧拉法建立流体相的连续、动量和能量守恒方程；大量的粒子、气泡或是液滴作为离散项，建立离散相的拉格朗日方程。离散相和流动相之间有动量、质量和能量的交换。该模型假设离散相（第二相）的体积分数很低。粒子或液滴运行轨迹需独立计算。这样处理能较好地符合喷雾干燥、煤和液体燃料燃烧，以及一些粒子负载的流动情况，但是不适合用于液-液混合物、流化床和其他第二相体积分数不容忽略的情形。

（2）欧拉-欧拉模型

在欧拉-欧拉模型中，不同的相被处理成互相贯穿的连续介质。由于一种相所占的体积不能被其他相占有，故引入相体积分数（phase volume fraction）。体积分数是时间和空间的连续函数，各相的体积分数之和等于 1。从各相的守恒方程可以推导出一组方程，这些方程对于所有的相都具有类似的形式。从实验得到的数据可以建立一些特定的关系，从而使上述方程封闭。

解决多相流问题，先选择最能符合实际的流体模式，然后根据不同的模式，选择恰当的多相流模型。由于本书所研究的水泥浆的水泥颗粒浓度较高，水泥颗粒体积分数不能被忽略，所以对水与水泥的混合的研究使用欧拉-欧拉模型中的欧拉模型，欧拉模型是 FLUENT 中最复杂的多相流模型。它建立含有多个动量方程和连续方程的方程组来求解各相。该模型的应用包括气泡柱、上浮、颗粒悬浮以及流化床等。

对于第二种方法，在 FLUENT 中有三种模型都属于这种欧拉-欧拉模型，分别是：VOF 模型、Mixture 模型和欧拉模型。本书对于固液两相流的研究使用的是欧拉模型。

2.3.2　两流体模型基本方程

本书采用基于欧拉-欧拉观点的"两流体"模型建立描述搅拌反应器内液-固两相流的基本控制方程，得出的分散相的控制方程与连续相的控制方程在形式上具有相似性，其求解亦可遵循单相计算流体力学的求解方法[106]。按照"两流体"模型的基本观点，在不影响计算结果的情况下，本章作如下假设：

① 分散相与连续相均为连续介质，两相共同存在于同一三维空间，流场中任意控制体均同时被两种流体占据；

② 两种流体遵循各自的控制方程；

③ 流体为等温流动；

④ 分散相的性质与具有统一粒度的刚性球体相同；

⑤ 连续相和分散相均为不可压缩流体。

两相流中，若不考虑相间质量、能量传递，按照基本的质量、动量守恒定律，各相在控制体内的瞬时、局部守恒方程如下。

连续性方程：

$$\frac{\partial \rho_k}{\partial t}+\frac{\partial}{\partial x_j}(\rho_k u_{kj})=0 \tag{2.57}$$

动量方程：

$$\frac{\partial}{\partial t}(\rho_k u_{ki})+\frac{\partial}{\partial x_j}(\rho_k u_{ki}u_{kj})=-\frac{\partial \rho_k}{\partial x_j}+\frac{\partial \tau_{kij}}{\partial x_j}+\rho_k g_i+F_{ki} \tag{2.58}$$

与单相流相比，分散相的引入使两相流场中各物理量在时间和空间上均出现间断，为获得平均意义上的运动参数和物理量的变化，需要对局部控制方程进行平均。Ishii[107]采用时间平均方法，即固定空间中某一点，在微观足够大但宏观足够小的时间区间内对两相的质量守恒方程和动量守恒方程中的各变量进行时间平均，得出各相的瞬时控制方程。

连续性方程：

$$\frac{\partial (\widetilde{\rho}_k \widetilde{\alpha}_k)}{\partial t}+\frac{\partial}{\partial x}(\widetilde{\rho}_k \widetilde{\alpha}_k \widetilde{u}_{kj})=0 \tag{2.59}$$

动量方程：

$$\frac{\partial}{\partial t}(\widetilde{\alpha}_k \widetilde{\rho}_k \widetilde{u}_{ki})+\frac{\partial}{\partial x_j}(\widetilde{\alpha}_k \widetilde{\rho}_k \widetilde{u}_{ki}\widetilde{u}_{kj})=-\widetilde{\alpha}_k \frac{\partial \widetilde{p}}{\partial x_i}+\frac{\partial}{\partial x_j}(\widetilde{\alpha}_k \tau_{kij})+\widetilde{F}_{ki}+\widetilde{\rho}_k \widetilde{\alpha}_k g_i \tag{2.60}$$

两相的相含率满足归一化条件：

$$\sum \widetilde{\alpha}_k = 1 \tag{2.61}$$

其中

$$\tau_{kij}=-\frac{2}{3}\delta_{ij}\mu_k \frac{\partial \widetilde{u}_{kj}}{\partial x_j}+\mu_k\left(\frac{\partial \widetilde{u}_{kj}}{\partial x_i}+\frac{\partial \widetilde{u}_{ki}}{\partial x_j}\right) \tag{2.62}$$

式中，k 表示相，$k=c$ 为连续相，$k=d$ 为分散相；$\widetilde{F}_{ki}$ 表示相间动量交换；δ_{ij} 为

Kronecker 符号。

对于两相湍流流动，一般采用与单相湍流流动相似的雷诺时均方程法对控制方程进行处理，在雷诺时均过程中，时间平均的目的是将物理量的瞬时值转化为时均值和脉动值。而对两相流中瞬时、局部的守恒方程进行时间平均的目的则是将物理量的局部值转化为控制体范围内的平均值，以获得平均意义上的运动参数和物理量的变化[108-113]。

雷诺时均的过程是首先将物理量的瞬时值分解为时均量和脉动量，然后取时间平均，从而得到雷诺时均控制方程。对于任意变量 ϕ，以 $\widetilde{\phi}$ 表示其瞬时值，ϕ 表示其时均值，ϕ' 表示相对于时均值的脉动值。时均值的定义为

$$\phi = \frac{1}{T} \int_t^{t+T} \widetilde{\phi} \mathrm{d}t \tag{2.63}$$

其中，T 是宏观足够短但微观足够长的变化周期，并且有：$\phi = \overline{\phi} - \phi'$，$\overline{\phi \phi'} = 0$，$\overline{\phi'} = 0$，$\overline{\phi' \phi'} \neq 0$。

取雷诺时均并忽略压力的脉动，即 $\widetilde{p} = \overline{p}$，同时省略平均符号 "‾"，得：

连续性方程：

$$\frac{\partial}{\partial t}(\rho_k \alpha_k) + \frac{\partial}{\partial x_j}(\rho_k \alpha_k u_{kj}) = -\frac{\partial}{\partial x_j}(\rho_k \overline{\alpha_k' u_{kj}'}) \tag{2.64}$$

动量方程：

$$\frac{\partial}{\partial t}(\rho_k \alpha_k u_{ki} + \rho_k \overline{\alpha_k' u_{ki}'}) + \rho_k \frac{\partial}{\partial x_j}(\alpha_k u_{ki} u_{kj})$$

$$= -\alpha_k \frac{\partial p}{\partial x_i} - \rho_k \frac{\partial}{\partial x_j}(\alpha_k \overline{u_{kj}' u_{ki}'} + u_{ki} \overline{\alpha_k' u_{kj}'} + u_{kj} \overline{\alpha_k' u_{ki}'} + \overline{\alpha_k' u_{ki}' u_{kj}'}) +$$

$$\frac{\partial}{\partial x_j}\left[\mu_k \alpha_k \left(\frac{\partial u_{kj}}{\partial x_i} + \frac{\partial u_{ki}}{\partial x_j}\right) + \mu_k \overline{\alpha_k'\left(\frac{\partial u_{kj}'}{\partial x_i} + \frac{\partial u_{ki}'}{\partial x_j}\right)}\right] -$$

$$\frac{2}{3}\frac{\partial}{\partial x_i}\left(\mu_k \alpha_k \delta_{ij} \frac{\partial u_{ki}}{\partial x_j} + \mu_k \delta_{ij} \overline{\alpha_k' \frac{\partial u_{kj}'}{\partial x_j}}\right) + \rho_k \alpha_k g_i + F_{ki} + F_{ki}' \tag{2.65}$$

相含率的归一化条件：

$$\sum \alpha_k = 1 \tag{2.66}$$

对上两式进行脉动关联相的模化后得出以下方程：

连续性方程：

$$\frac{\partial}{\partial t}(\rho_k \alpha_k) + \frac{\partial}{\partial x_j}(\rho_k \alpha_k u_{kj}) = \frac{\partial}{\partial x_j}\left(\rho_k v_{kt} \frac{\partial \alpha_k}{\partial x_j}\right) \qquad (2.67)$$

其中，v_{kt} 为湍流运动黏性系数。

动量方程：

$$\frac{\partial}{\partial t}(\rho_k \alpha_k u_{ki}) + \frac{\partial}{\partial x_j}(\rho_k \alpha_k u_{ki} u_{kj}) = -\alpha_k \frac{\partial P}{\partial x_i} + \frac{\partial}{\partial x_j}\left[\alpha_k \mu_{keff}\left(\frac{\partial u_{ki}}{\partial x_j} + \frac{\partial u_{kj}}{\partial x_i}\right)\right] +$$

$$\frac{\partial}{\partial x_i}\left[\frac{\mu_{kt}}{\sigma_t}\left(u_{ki}\frac{\partial \alpha_k}{\partial x_i} + u_{kj}\frac{\partial \alpha_k}{\partial x_i}\right)\right] + \rho_k \alpha_k g_i + F_{ki} - \rho_k \frac{2}{3}\frac{\partial(\alpha_k \kappa)}{\partial x_i} \qquad (2.68)$$

其中，$\mu_{keff} = \mu_{k,lam} + \mu_{kt}$。$\sigma_t$ 为相湍流扩散的 Schmidt 数，其数值取决于颗粒尺寸和湍流尺度，本书中取 $\sigma_t = 1$。F_{ki} 表示相间动量交换，F_{ki} 可以表示为各种相间动量传递机理的线性组合，包括曳力、虚拟质量力、升力等体积力，后两者相对前者来说较小，可以忽略不计，本书只考虑曳力。

$$F_{ci,drag} = \frac{3\alpha_c \alpha_d C_D |\boldsymbol{u}_d - \boldsymbol{u}_c|(u_{di} - u_{ci})}{4d_d} \qquad (2.69)$$

$$F_{di,drag} = -F_{ci,drag} \qquad (2.70)$$

其中，C_D 为曳力系数：

$$C_D = \begin{cases} \dfrac{24}{Re_d}(1 + 0.15Re_d^{0.687}), Re_d < 1000 \\ 0.47, \ Re_d > 1000 \end{cases} \qquad (2.71)$$

Re_d 为颗粒雷诺数：

$$Re_d = \frac{d_d |\boldsymbol{u}_d - \boldsymbol{u}_c|\rho_c}{\mu_{c,lam}} \qquad (2.72)$$

其中，$\mu_{c,lam} = 10^{-3}$ Pa·s。

2.3.3　固液两相动量交换系数

液固相动量交换系数 K_{ls} 可以写成以下的普遍形式：

$$K_{ls} = \frac{\alpha_s \rho_s f}{\tau_s} \qquad (2.73)$$

其中，f 在不同的交换系数模型里有不同的定义，τ_s 是颗粒松弛时间，定义为

$$\tau_s = \frac{\rho_s d_s^2}{18\mu_l} \qquad (2.74)$$

其中，d_s 是固体相 s 的颗粒直径。

所有 f 的定义形式里都包括曳力函数 C_D，此函数与雷诺数 Re_s 有关。不同的交换系数模型里的曳力函数的定义不同。

（1）Syamlal-O'brien 模型

$$f = \frac{C_D\, Re_s \alpha_1}{24 v_{r,\,s}} \tag{2.75}$$

其中曳力函数的形式为

$$C_D = \left(0.63 + \frac{4.8}{\sqrt{Re_s / v_{r,\,s}}} \right)^2 \tag{2.76}$$

这个模型是基于测量流化床或沉积床的颗粒的沉降速度得到的，与之相关的是固体体积分数的雷诺数 Re_s：

$$Re_s = \frac{\rho_1 d_s | \boldsymbol{v}_s - \boldsymbol{v}_1 |}{\mu_1} \tag{2.77}$$

液–固动量交换系数的形式为

$$K_{sl} = \frac{3 \alpha_s \alpha_1 \rho_1}{4 v_{r,\,s}{}^2 d_s} C_D \left(\frac{Re}{v_{r,\,s}} \right) | \boldsymbol{v}_s - \boldsymbol{v}_1 | \tag{2.78}$$

其中，$v_{r,\,s}$ 是固体相的自由沉降速度：

$$v_{r,\,s} = 0.5 \left[A - 0.06\, Re_s + \sqrt{(0.06\, Re_s)^2 + 0.12\, Re_s (2B - A) + A^2} \right] \tag{2.79}$$

$$A = \alpha_1^{4.14} \tag{2.80}$$

当 $\alpha_1 \leqslant 0.85$ 时，$B = 0.8 \alpha_1^{1.28}$；

当 $\alpha_1 > 0.85$ 时，$B = 0.8 \alpha_1^{2.65}$。

当固体剪切应力由 Syamlal et al 方程定义时，此模型适用。

（2）Wen-Yu 模型

$$K_{sl} = \frac{3}{4} C_D \frac{\alpha_s \alpha_1 \rho_1 | \boldsymbol{v}_s - \boldsymbol{v}_1 |}{d_s} \alpha_1^{-2.65} \tag{2.81}$$

$$C_D = \frac{24}{\alpha_1 Re_s} \left[1 + 0.15 \, (\alpha_1 Re_s)^{0.687} \right] \tag{2.82}$$

此模型适合于稀相体系。

（3）Gidaspow 模型

当 $\alpha_1 > 0.8$ 时：

$$K_{sl} = \frac{3}{4} C_D \frac{\alpha_s \alpha_1 \rho_1 | \boldsymbol{v}_s - \boldsymbol{v}_1 |}{d_s} \alpha_1^{-2.65} \tag{2.83}$$

$$C_D = \frac{24}{\alpha_1 Re_s} [1+0.15 (\alpha_1 Re_s)^{0.687}]$$
(2.84)

当 $\alpha_1 \leqslant 0.8$ 时：

$$K_{sl} = 150 \frac{\alpha_s(1-\alpha_1)\mu_1}{\alpha_1 d_s^2} + 1.75 \frac{\alpha_s \rho_1 |v_s - v_1|}{d_s}$$
(2.85)

解决固体密度较大的流化床问题时推荐使用这种模型。

第 3 章　管式搅拌反应器流场的数值模拟

搅拌反应器内流体流动多处于湍流状态，湍流是空间不规则和时间无秩序的一种非线性运动，这种运动状态为非稳态和准周期性复杂的流动状态。完全从实验测量上获取反应器内的混合信息很困难，实验设备昂贵且工作费时，并且往往只能获得搅拌设备的局部流场信息，有时受到实验条件的限制，比如本书所研究的管式搅拌反应器内部结构比较复杂，其内部流动状况无法用实验方法得到。目前，利用计算流体力学技术模拟管式搅拌反应器内流动状况已得到迅速发展，为深入了解搅拌设备内流体流动的机理及新型高效反应器的开发开辟了一条新的途径。

本章选取了一种新型多级搅拌的管式反应器为研究对象，利用商用 CFD 软件 FLUENT 6.3，采用以雷诺时均方程为基础的标准 k-ε 模型及多重参考系法对管式搅拌反应器内的三维流场进行一些基本研究工作，考察了该管式搅拌反应器相对于传统反应器的优势，并对不同转速下宏观流动场、速度分布以及压力分布进行分析，目的是掌握不同操作条件对管式搅拌反应器内流场的影响规律，为本书的后续的研究工作奠定基础。

▨ 3.1　实验设备

本书实验在东北大学自主开发的一种带多级搅拌装置的新型叠管式反应器上进行。该管式反应器具有如下几个特点：首先，在传统管式反应器的管内增加了一种搅拌装置。搅拌装置由一系列等间距的搅拌叶片构成，16 组互成 90°的 T 字形叶片均匀分布于轴上，由于叶片顶端离反应器管壁较近，使搅拌叶片又具有刮板的功能，能持续刮擦管壁各处，对防止或延缓设备内管壁出现结疤有重要作用。其次，在搅拌的作用下，介质以螺旋状在管内环流前进，在管壁附近形成流动膜，增强其混合特性，使物料能在前进过程得到充分混合和反应。最后，该反应器采用独特的叠管式设计，管与管上下叠起，物料在管内流动时沿管的末端从一根管流入另一根管，减少了单管长度，大大节省了占地面积。实验装置实物图如图 3.1 所示，反应器长 $L = 2000$ mm，内径 $D = 190$ mm，进出口管径 $d_1 = 40$ mm。搅拌桨的结构如图 3.2 所示，叶片顶端离管壁 $d_2 = 3$ mm，桨叶高度 $h_1 = 90$ mm，宽度 $h_2 = 100$ mm，间距为 $w = 120$ mm。

图 3.1　新型叠管式搅拌反应器实物图

图 3.2　搅拌桨结构

3.2　模拟策略

3.2.1　计算域及网格策略

计算时所采用的管式搅拌反应器与实验装置一致，对反应器管与管的接口处进行了简化处理，叠管式搅拌反应器数值模拟几何结构如图 3.3 所示。本书所研究的物系为常温下的水，密度为 998 kg/m³，黏度为 0.001 Pa·s。

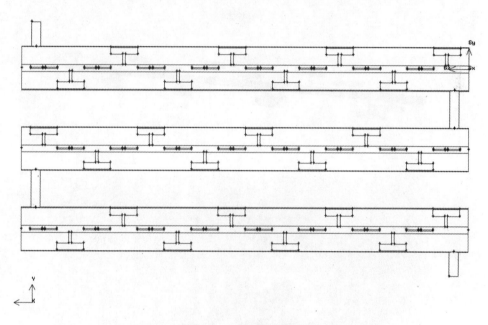

图 3.3　几何结构示意图

本书用商用 CFD 软件 FLUENT 6.3 的前处理器 Gambit 进行三维实体模型的建立，在计算时对叠管和单管分别进行模型的建立和网格划分。由于模拟所选用搅拌桨的结构具有不规则性，管式搅拌反应器内以非结构化四面体为单元进行网格划分，对反应器内静止部分和桨叶旋转部分分别划分网格，为了提高计算精度，对桨叶、搅拌轴处采取网格加密处理，其中叠管的网格总数为3929440 个单元，单管的网格总数为 1660781 个单元，叠管的网格划分示意图、搅拌桨网格及内部局部示意图如图 3.4 所示。

(a)整体

(b)搅拌桨

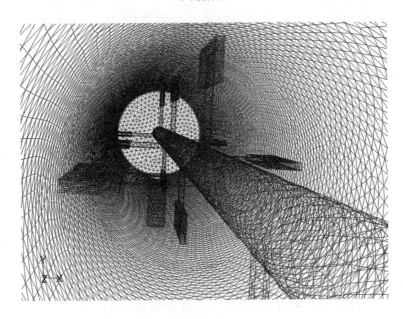

(c)局部

图3.4　管式搅拌反应器示意图

3.2.2　湍流模型

湍流的预测是基于雷诺平均连续性方程和 N-S 方程，标准 k-ε 模型用来分析流体流动的最常见的湍流模型，经常被用来模拟反应器内的湍流，而且在工程中也有广泛应用，大量的计算结果及其与实验结果的比较表明，k-ε 模型在计算边界层流动、管内流动、剪切流动以及三维边界层流动等方面都得到了比较好的验证，本章采用标准 k-ε 模型。

对于通用守恒方程形式：

$$\frac{\partial}{\partial t}(\rho\phi)+\frac{\partial}{\partial x_i}(\rho u_i\phi)=\frac{\partial}{\partial x_i}\left(\Gamma_\phi\frac{\partial\phi}{\partial x_i}\right)+S_\phi \tag{3.1}$$

其湍流动能 k 和湍流动能耗散率 ε 的控制方程如下所示：

$$\frac{\partial}{\partial t}(\rho k)+\frac{\partial}{\partial x_i}(\rho u_i k)=\frac{\partial}{\partial x_i}(\mu+\mu_t/\sigma_k)\frac{\partial k}{\partial x_i}+G-\rho\varepsilon \tag{3.2}$$

$$\frac{\partial}{\partial t}(\rho\varepsilon)+\frac{\partial}{\partial x_i}(\rho u_i\varepsilon)=\frac{\partial}{\partial x_i}(\mu+\mu_t/\sigma_\varepsilon)\frac{\partial\varepsilon}{\partial x_i}+c_1 G-c_2\rho\varepsilon \tag{3.3}$$

其中，μ_t 是湍流黏度；G 是湍流产生度。

$$\mu_e=\rho c_\mu\frac{k^2}{\varepsilon} \tag{3.4}$$

$$G=\mu_t\left[(u_y+v_x)^2+(v_z+w_y)^2+(w_z+u_z)^2+2(u_x+v_y+w_z)^2\right] \tag{3.5}$$

标准 k-ε 模型常数是：$c_1=1.44$，$c_2=1.92$，$c_\mu=0.09$，$\sigma_k=1.0$，$\sigma_\varepsilon=1.3$。

3.2.3　桨叶区域计算方法

本章选用的桨叶区域计算方法为多重参考系法（MRF），MRF 是一种稳态近似法，从一定意义上来说只适合稳态问题的求解，但是在许多非稳态中应用这种方法却能得到较好的时均值。

在此法中，整个容器被分为两个区域：搅拌桨区域和桨外区域，随着坐标系的转换，求解通过两个区域的界面速度的匹配来完成，静止区域和旋转区域分别各自求解方程，搅拌的效果靠参考坐标系来实现。

3.2.4 离散化方法

在控制体积法中，使用计算网格对流体区域进行划分，对控制方程在控制区域内进行积分以建立代数方程，这些代数方程中包括各种相关的离散变量（如速度、压力、温度以及其他的守恒标量等）。在离散方程的线性化和获取线性方程结果以更新相关变量值的求解过程中有两种方法：分离解法与耦合解法[114]。

分离解法主要用于不可压缩或低马赫数压缩性流体的流动，耦合解法则可以用于高速可压缩流体的流动。对于高速可压缩流动需要考虑体积力（浮力或离心力）的流动，求解问题时网格要比较密，应采用耦合隐式求解方法求解能量和动量方程，可较快地得到收敛解；其缺点是需要的内存比较大（是非耦合求解迭代时间的 1.5~2.0 倍）。如果必须要耦合求解，但机器内存不足，可以考虑用耦合显式解法器求解问题。该解法器也耦合了动量、能量及组分方程，但内存却比隐式求解方法小；其缺点是收敛时间比较长。

3.2.4.1 耦合解法

耦合求解是指同时解连续性、动量、能量以及组分传输的控制方程。然后用分离解法中的分离求解器程序解附加的标量控制方程（即与耦合方程是分离的）。因为控制方程为非线性耦合的，所以在获取收敛解之前需要进行适当的解的循环迭代。

下面对每步迭代进行简单概括：

① 在当前解的基础上更新流体属性（如果刚刚开始计算则用初始解来更新）；

② 同时解连续性、动量、能量和组分输运方程；

③ 在适当的地方，用前面更新的其他变量的数值解出湍流及辐射等标量；

④ 当包含相间耦合时，可以用离散相轨迹计算来更新连续相的源项；

⑤ 检查设定方程的收敛性。

直到满足收敛判据才会结束上述各个步骤。

在耦合解法中，可以选择控制方程的隐式或者显式线性化形式。这一选项只用于耦合控制方程组。与耦合方程组分开解的附加标量（如湍流、辐射等）的控制方程是采用与分离解法相同的程序来线性化并求解的。不管选择的是显式还是隐式格式，求解的过程都要遵循上述迭代步骤。

（1）耦合求解器的隐式格式

耦合控制方程组的每一个方程都是方程组中所有相关变量的隐式线性化。这样便得到了区域内每一个单元具有 N 个方程的线性化方程系统，其中 N 是方程组中耦合方程的数量。因为每一个单元中有 N 个方程，所以通常被称为方程的块系统。点隐式（块结构高斯-塞德尔，Gauss-Seidel）线性化方程求解器和代数多重网格方法一起被用于解单元内 N 个相关变量的块系统方程。耦合隐式求解器同时在所有单元内解出所有变量（如 p，u，v，w 等）。

（2）耦合求解器的显式格式

耦合的控制方程都用显式方法进行线性化求解。和隐式选项一样，通过这种方法也可以得到区域内每一个单元具有 N 个方程的方程系统。方程系统中的所有相关变量都会同时更新。方程系统中都是未知的因变量，解的更新使用多步求解器来完成。耦合显式方法同时解一个单元内的所有变量（如 p，u，v，w 等）。

3.2.4.2　压力-速度耦合算法

SIMPLE（semi-implicit method for pressure-linked equations）算法——包括各种改进方案——是不可压缩流体的 N-S 方程数值求解中应用非常广泛的压力-速度耦合算法，并且也已被成功地应用于可压缩流体流场的数值计算中。

采用 SIMPLE 进行关于 p，u，v 代数方程的分离式求解时，其计算步骤如下：

① 假定一个速度分布，记为 u^0，v^0，以此计算动量离散方程中的系数及常数项；

② 假定一个压力场 p^*；

③ 依次求解两个动量方程，得 u^*，v^*；

④ 求解压力修正值方程，得 p'；

⑤ 据 p' 改进速度值；

⑥ 利用改进后的速度场求解那些通过源项的物性等与速度场耦合的 ϕ 变量，如果 ϕ 并不影响流场，则应在速度场收敛后再求解；

⑦ 利用改进后的速度场重新计算动量离散方程中的系数，并用改进后的压力场作为下一层次迭代计算的初值。

重复上述步骤，直到获得收敛解。

压力-速度耦合算法还有其他的算法如 SIMPLEC 算法（SIMPLE-consistent)、SIMPLER 算法(SIMPLE-revised)和 PISO 算法(pressure-implicit with splitting of operators)等。

在本章的计算过程中，控制方程的传送项采用压力、速度耦合的 SIMPLE，动量、湍流动能、湍流耗散率等离散格式均采用二阶迎风，所有项的残差收敛标准采用 10^{-4}。

3.2.5　边界条件

在用 MRF 描述桨叶运动时，将桨叶区域流体分成两部分：一部分以搅拌桨相同转速进行旋转，其他区域流体设为静止。

将轴和桨定义为动边界，边界类型均为劈面边界。

入口处为质量流入口。

出口处为压力出口。

将器壁定义为静止壁面边界条件。

3.2.6　并行计算

CFD 的计算需要高速度、大容量的计算机，即使在目前浮点运算速度最快、容量最大的超级计算机上进行计算，一个三维非定常问题的数值模拟也要花费几十个 CPU 小时。而计算机系统性能提高的指数要比器件性能提高的指数大很多，其中计算机体系结构的改进是计算机系统性能得以提高的重要因素。这种情况在计算机近年的发展中变得更加明显，这是因为器件性能的提高受到技术的限制，计算速度已经越来越接近极限，每一点点的提高都要求在器件的制作水平与工艺提高上付出成倍的努力。解决上述问题的出路只有一条，即不断更新计算机的结构体系，其表现就是将越来越多并行性引入到计算机系统的设计中[115]。

并行计算是由一组处理单元组成的，这组处理单元通过相互之间的通信与协作，将计算任务分配给各个处理单元同时进行，从而能以更短的时间、更快的速度共同完成一项大规模的计算任务。FLUENT 并行计算就是利用多个计算节点(处理器)同时进行计算。并行计算可将网格分割成多个子域，子域的数量是计算节点的整数倍(如 8 个子域可对应于 1、2、4、8 个计算节点)。每个子域(或子域的集合)就会"居住"在不同的计算节点上。它有可能是并行机的计算节点，或是运行在多个 CPU 工作平台上的程序，或是运行在用网络连接的不同工作平台(Unix 平台或 Windows 平台)上的程序。计算信息传输率的增加将导致并行计算效率的降低，因此在做并行计算时选择求解问题很重要。本书的模拟借助 FLUENT 6.3 并行版本，以 Windows 64 位操作系统的图形工作站为平台，在双 IntelXeon 3.0 GHz CPU、内部为 16GB 的工作站上进行模拟计算。

3.3 模拟结果与分析

3.3.1 叠管与单管的计算结果比较

图 3.5 所示为进口流量为 1.8 m³/h、搅拌转速为 150 r/min 的叠管反应器与单管反应器的轴向截面宏观速度云图及速度矢量图的比较，从图中可以看出，两种模拟结果与宏观速度场上的预报相似，由于是稳态计算，两种条件下的结果都具有一定的周期性，而且单管模型网格数量明显要少于叠管模型，计算过程可节约更多的 CPU 时间，在下面的关于流场的讨论中以单管式搅拌反应器为主。由于该管式搅拌反应器的周期性，叠管式搅拌反应器的流场特性可从单管式搅拌反应器反映出来。

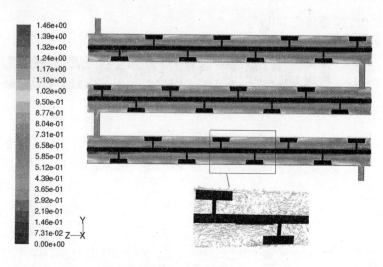

(a)叠管反应器速度分布图

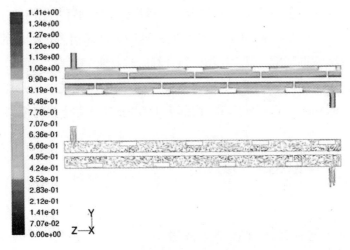

(b)单管反应器速度分布图

图 3.5　叠管反应器与单管反应器速度分布图

3.3.2　传统管式反应器与带搅拌装置管式反应器的比较

图 3.6 与图 3.7 所示分别为传统管式反应器与带搅拌装置管式反应器速度场，其中图 3.6 的操作条件为进口流量 1.8 m³/h，图 3.7 的操作条件为进口流量 1.8 m³/h，搅拌转速 150 r/min。

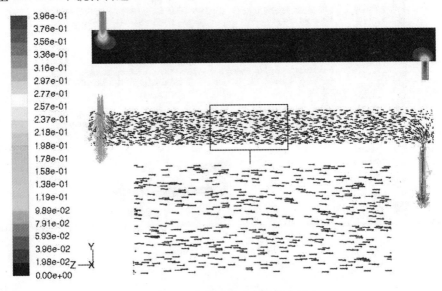

图 3.6　传统管式反应器速度场

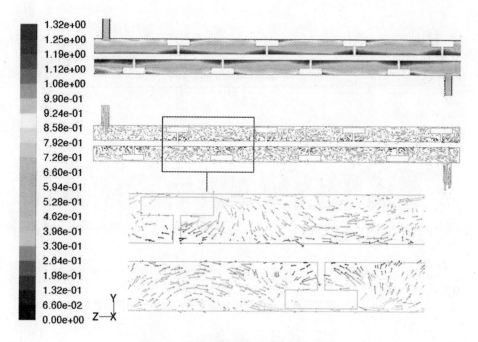

图 3.7　带搅拌装置管式反应器速度场

由图 3.6 可以看出，在传统管式反应器中，速度最大值在进出口附近，流体进口处进入管内就开始缓慢向前推进，此时管内流速较小而且分布比较均匀，在实际工程应用中，一般管内流动呈现抛物线分布，即管中心流速快，而且会因黏性作用器壁附近的流速比管中心慢，如果是高温操作，随着时间的推移，黏度比较大的物料在管内运动过程中会在管壁形成结垢，尤其是在高温的铝土矿溶出工业中，减少或避免管壁结垢的产生已成为管道化溶出工艺中比较典型的难题[116]。由图 3.7 可以看出，在新型带搅拌装置管式反应器中，由于搅拌桨高速旋转，管式反应器内流场紊乱，管内流体运动较传统管式反应器复杂，同时搅拌桨还对管壁有一定的刮擦作用，加大了管壁附近流体的流速，从而在一定程度上防止结垢的产生。

图 3.8 为传统管式反应器与带搅拌装置管式反应器流体运动迹线图的比较，由图可以看出传统管式反应器整体运动轨迹比较单一，而且在反应器的一些位置还会形成部分死区，而在带搅拌装置管式反应器中由于搅拌作用，反应器内流体呈螺旋前进流动。带搅拌装置管式反应器比无搅拌装置管式反应器能增强混合效果，减少死区的存在，并有效增加物料在管内的反应时间，反应器内停留时间分布与混合过程的具体研究会在第 4、第 5 章讨论。

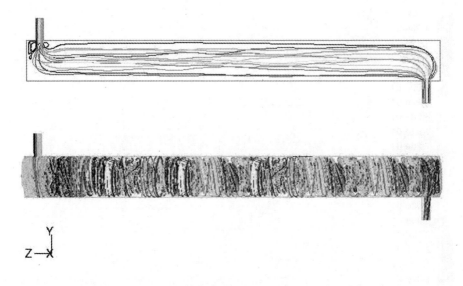

图3.8　传统管式反应器与带搅拌装置管式反应器迹线图的比较

3.3.3　宏观流动场

3.3.3.1　不同截面的比较

图3.9为进口流量1.8 m³/h，转速100 r/min 时 $x=0$ 和 $y=0$ 两个不同轴截面的速度云图比较，由图可以看出，由于搅拌叶片分布的对称性和周期性，管内的整体速度分布比较均匀且具有对称性和周期性，此时最大速度在搅拌叶片的顶端附近，值为0.943 m/s，这一最大值与转速为100 r/min 所产生的线速度与轴向速度和值的最大值0.942 m/s 十分接近，模拟结果与预计值较为吻合，说明模拟结果比较可靠。而管内的速度最大值与转速为100 r/min 所产生的线速度计算值的最大值0.942 m/s 十分接近，此时管内流体还是以搅拌桨的导流为主。图3.10为在同一操作条件下轴向不同位置处的径向截面速度云图及矢量图，从速度矢量图可以看出管内运动以环流为主，每个搅拌叶片附近流体运动速度很大，管内的高速流体均由叶片排出，由于叶片离管壁较近，叶片的持续扰动除了制造管内流动紊乱外，还可以使反应器器壁持续有高速流体出现，从而可以有效起到清洁反应器器壁的作用。

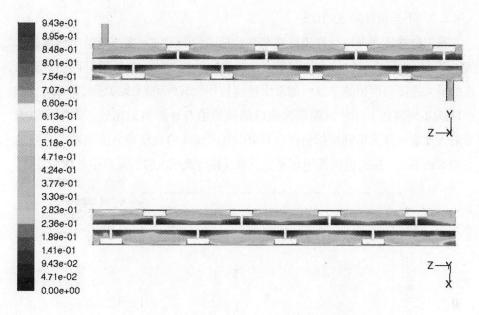

图 3.9　两个不同轴截面($x=0$, $y=0$)速度云图比较

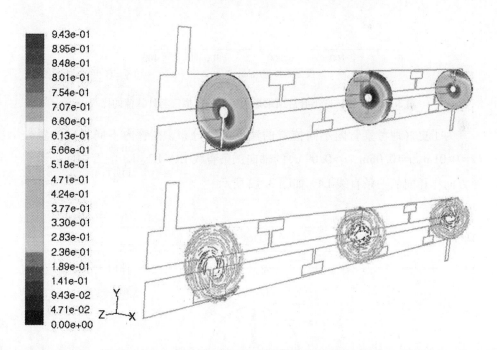

图 3.10　轴向不同位置处径向截面速度云图及矢量图

3.3.3.2 不同搅拌转速的比较

根据搅拌转速可以计算出搅拌桨叶片顶端的最大线速度与管轴向速度的和值，而又因为反应器的最大速度集中在搅拌叶片顶端附近，所以可以用计算出来的最大速度与模拟结果显示的最大速度值作比较来判断模拟值的可靠性，图3.11为不同转速下叶片顶端最大速度的模拟值与计算值的比较。由图可以看出最大速度的计算值和模拟值吻合较好，管内流体的速度最大值随着搅拌转速的增大而增大，模拟值偏低于计算值，当搅拌转速越大时，偏差相对越大。

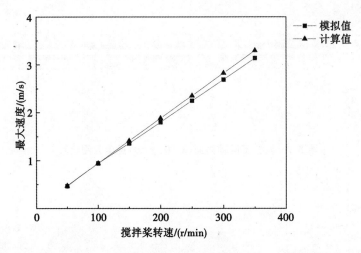

图3.11 不同转速下叶片顶端最大速度的模拟值与计算值的比较

为了更好地考察管内不同位置的速度线性分布，在管内不同径向位置处（$r=0.01\text{m}$，$r=0.06\text{m}$，$r=0.09\text{m}$）的轴向三条直线 L1、L2、L3 的管中间处沿直径方向作径向的一条直线 L4，如图3.12所示。

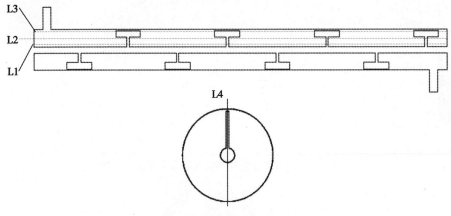

图3.12 不同切线的示意图

图 3.13 是在入口流量为 1.8 m³/h,搅拌转速分别为 50, 150, 250 r/min 时,直线 L1、L2、L3 合速度比较。图 3.14 是直线 L4 在不同转速时的径向速度比较。

由图 3.13 可以看出管内流体受到搅拌桨的影响,在搅拌轴附近,反应器流体的轴向速度受搅拌叶片的影响较小,且波动性不大;在搅拌桨叶片端,反应器流体流速沿轴向速度波动较大,搅拌转速越大速度值波动频率越大,由于搅拌叶片呈周期性分布,此处的轴向速度大致呈周期性变化;增大搅拌转速对搅拌轴区域的流体速度影响不大,但对搅拌叶片端的流体速度影响较大,搅拌转速越大,轴向速度的波动性越大。

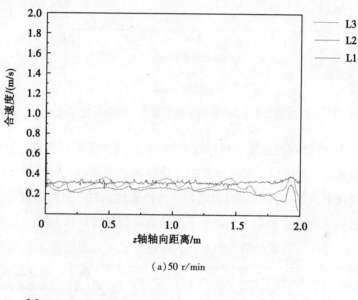

(a)50 r/min

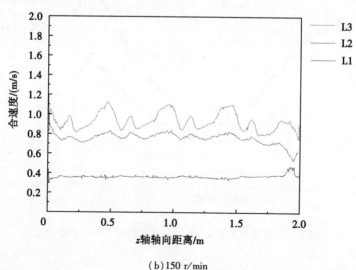

(b)150 r/min

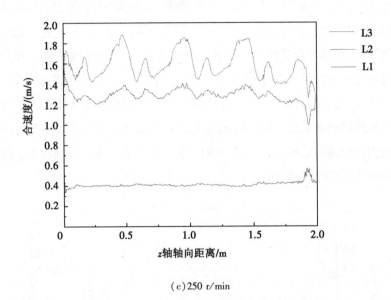

（c）250 r/min

图 3.13　入口流量为 1.8 m³/h 时不同转速下不同径向位置的合速度比较

由图 3.14 可以看出速度沿径向逐渐增大，在搅拌桨的顶端流速最大，搅拌轴附近流速最小，速度较大的区域集中于反应器器壁附近，靠近叶片端比远离叶片端的速度要大。由两图均可以看出，当转速过高时，速度梯度较大，即管壁附近流速值大大高于管中心流速值，这是由于高速旋转作用产生很大的离心力。此外，搅拌叶片与管的轴方向平行，离心力过大会使搅拌桨产生滞留流体

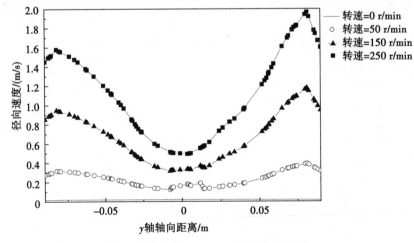

图 3.14　入口流量为 1.8 m³/h 时在不同转速下的径向速度比较

现象，也就是使管壁区域的流体很难向前推进。为保证该反应器在搅拌过程中不产生较大的离心力，适当的搅拌转速也是需要考虑的问题，最佳转速应该与不同的进口流速以及流体的黏度有关。在流量为 1.8 m³/h，介质为水的情况下，在搅拌转速为 50 r/min 左右时，管内流体的轴向速度和径向速度分布较为均匀，没有很大的离心力影响，因此在这种工况下从对流场的影响来看，初步判断此时最佳转速为 50 r/min 左右。

3.3.3.3　湍流动能

图 3.15 所示为在转速 50，150，250，350 r/min 下的湍流动能云图，反映了反应器内轴截面的湍流动能的分布状况。由于周期性关系，图中只截取了其中一个周期的范围。从图中可以看出，湍流动能在管式搅拌反应器内的分布很不均匀，在搅拌桨附近，尤其是桨叶区和桨叶下部的湍流动能较大，在其他搅拌桨没有覆盖的区域湍流动能较小，随着搅拌转速的增加，由于输入功率的增加，反应器内的湍流动能都相应增大，高湍能范围也增大，但内部的分布情况变化不大，搅拌叶片附近为湍流动能产生区。

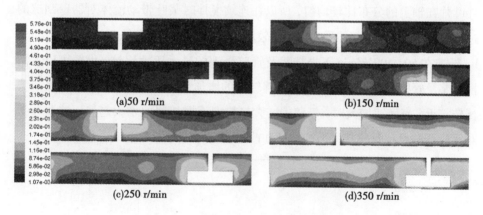

图 3.15　不同转速下的湍流动能云图

3.3.4　压力场

图 3.16 所示为入口流量为 1.8 m³/h，搅拌转速为 100 r/min 时搅拌桨及反应器管壁的压力云图，由图可以清楚地看出搅拌桨和反应器管壁的压力分布情况，对于搅拌桨而言，在搅拌轴附近受压力较小，几乎为零；压力值较大区域越集中在搅拌叶片的顶端，反应器管壁受的较大压力主要集中在搅拌叶片经过的地方，由于搅拌叶片顶端距管壁较近，管壁需承受的压力也比较大；同时搅

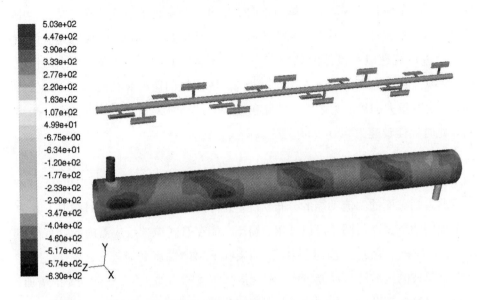

图 3.16　搅拌桨及反应器管壁的压力云图($Q=1.8\ \mathrm{m^3/h}$; $N=100\ \mathrm{r/min}$)

拌叶片在轴上的分布比较均匀，所以在连续搅拌时桨叶带动流体对器壁刮擦的过程中，反应器器壁整体受力也会比较均匀。图 3.17 所示为入口流量为 1.8 m³/h，转速在 50~400 r/min 下搅拌桨及管壁受到的最大压力比较，由图可以看出搅拌桨及管壁受到的压力均随着搅拌转速的增加呈抛物线趋势增加，而且趋势比较接近，当转速增大时，管壁的增大趋势大于搅拌桨的增大趋势。这些数据对反应器的设计及搅拌桨型的选择和改进会有一定的参考意义。

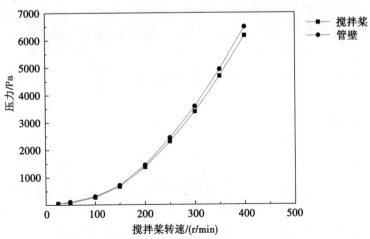

图 3.17　不同转速下搅拌桨及管壁受到的最大压力比较

3.3.5　黏度对流场的影响

在入口流量为 1.8 m³/h 且不同转速的操作条件下，考察不同物料黏度对流场的影响，图 3.18 所示为不同操作条件下所获得的最大速度比较，由图可以看出，反应器内部流体的速度最大值随着黏度的增加而减小，转速越大，黏度对流体最大速度的影响越小。图 3.19 所示为进口流量为 1.8 m³/h，转速为 50 r/min 时在不同黏度下的速度场比较，从径向截图和轴向截面的局部等值线图可以看出，随着黏度增大，反应器内部产生了更多的漩涡，流场变得更加复杂，此时搅拌桨对流场的影响起主导作用。

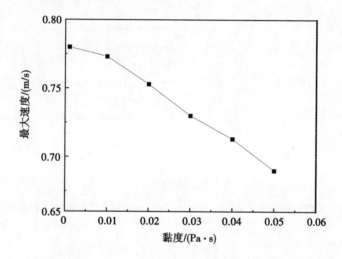

图 3.18　入口流量为 1.8 m³/h，转速为 50 r/min 时在不同黏度下的最大速度比较

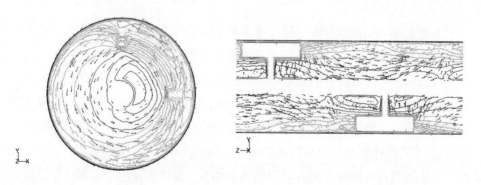

(a) $\nu = 0.001$ Pa·s

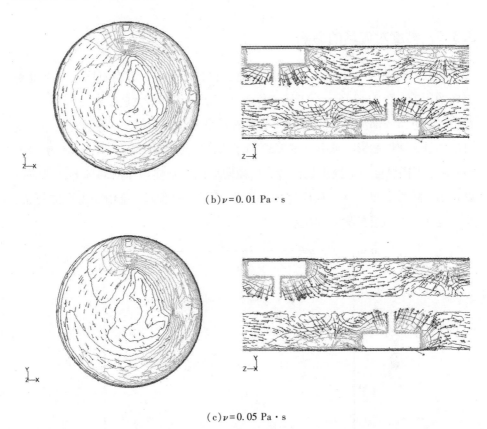

(b)$\nu = 0.01$ Pa·s

(c)$\nu = 0.05$ Pa·s

图 3.19　入口流量为 1.8 m³/h, 转速为 50 r/min 时在不同黏度下的速度场比较

3.4　本章小结

采用标准 k-ε 湍流模型, 用多重参考系法来处理桨叶的旋转区域, 计算了单管式搅拌反应器和叠管式搅拌反应器的稳态流场, 得到如下结论。

① 根据传统(无搅拌)管式反应器与新型带搅拌装置管式反应器流场的比较, 并通过对管式搅拌反应器速度场的分析, 带搅拌装置管式反应器起到了增加管内湍流区、增强混合效果、避免死区等作用。

② 不同搅拌转速下叶片顶端最大速度模拟值与计算值吻合较好。同时, 管内的径向速度沿着轴中心到叶片顶端逐渐增大, 搅拌转速越大, 其径向速度的梯度越大, 并会产生很大的离心力, 因此, 在不同进口流量下, 应选择最佳转速。

③ 管内的湍流动能比较大的区域主要集中于桨叶附近，搅拌转速越大，高湍能范围也越大。管内压力的最大值集中于搅拌桨顶端及反应器管壁，搅拌转速越大，压力也越大。

④ 反应器的流场还跟流体的黏度有关，反应器内部流体的速度最大值随着黏度的增加而减小，转速越大，黏度对流体最大速度的影响越小。

第4章　管式搅拌反应器停留时间
分布的数值模拟

停留时间分布(residence time distribution, RTD)是综合反映管式反应器流动与传质的一个重要性能指标。在通过实验测得停留时间分布后,本章对管式搅拌反应器的停留时间分布进行了详细的数值模拟,分别模拟了单管式搅拌反应器、叠管式搅拌反应器流场中介质的停留时间分布,考察了有搅拌桨与无搅拌桨、不同进口流量以及不同搅拌转速对停留时间分布的影响规律,并分别与实验结果进行比较,得出的结果可作为实验研究和进一步模拟的基础。

4.1　实验部分

4.1.1　实验流程

测定反应器的停留时间分布的实验在叠管式反应器中进行,如图4.1所示,实验中采用的物料为常温下的水,示踪剂为饱和的 NaCl 溶液,在进行叠管的停留时间分布测定时在进口 1 以一定的质量流连续加入水,等反应器内流型达到稳定时瞬时在示踪剂入口 1 处注入示踪剂,同时在出口处监测电导率的变化情况,由计算机输出曲线。在进行单管的停留时间分布测试时在进口 2 加水,由示踪剂入口 2 注入示踪剂。

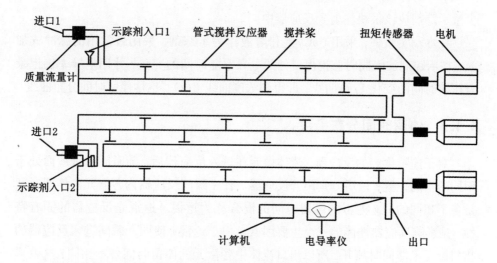

图 4.1　叠管式搅拌反应器装置示意图

4.1.2　停留时间分布的测定

测量停留时间分布，通常应用"刺激-响应"实验。其方法是：在管式反应器的人口处输入一个刺激信号，信号一般使用示踪剂来实现，然后在反应器出口处测量该输入信号的输出，即所谓响应，从响应曲线得到流体在反应器内的停留时间分布。"刺激-响应"实验相当于黑箱研究方法，当流体流动状态不易或不能直接测量时，仍可从响应曲线分析其流动状况及其对管内反应的影响。

对于最小停留时间测量来说，对示踪剂要求不是很高，这是因为只需要第一次响应信号；对于 RTD 的测量，示踪剂的选择则至关重要。Wen 和 Fan[117]对停留时间分布实验所需示踪剂进行了总结，认为示踪剂必须满足下列几个条件才能获得好的 RTD 曲线：

① 与研究的流体相容且具有相似的物理性能；

② 很少的组分就可以被仪器检测到，并且对研究的流体不会产生干扰；

③ 示踪剂浓度变化易于检测，记录的信息要与示踪剂浓度成一定比例关系；

④ 容器的内表面不会吸附示踪剂。

对于管式反应器中 RTD 的测量，示踪剂的加入一般采用两种不同方法：一种是阶跃注射，比如 Razaviaghjeh 等[118]采用的方法；一种是脉冲注射。一般选用后一种方法，这是因为该测量过程仅需要很少的示踪剂，为了形成真正脉冲，少量示踪剂应该很快注射到反应器中。

在本章实验中，采用 NaCl 饱和溶液作为示踪剂，采用最常用的脉冲式加入，在示踪剂加入同时监视出口处的电导率随时间的变化，并用电导率仪记录电压随时间的变化 $V(t)$ 曲线，即得到浓度曲线 $C(t)$，也称停留时间分布曲线。

4.1.3 停留时间分布函数

对于连续生产的反应器，流体微元在进入反应器后，随时间的进展而处于不同的空间位置，最后分别离开反应器。任一瞬间反应器内各微元的停留时间是各不相同的，这种不同停留时间的混合称为返混。返混是反应器的固有特性，是影响反应器性能的一个重要因素。由于返混，使同一瞬间进入反应器的物料微元不能同时离开，所以出口流体中各微元的停留时间各不相同，这就形成了停留时间分布问题，但是，返混与停留时间分布不是一一对应的关系并且不能用实验直接测量，因此要在测量停留时间分布同时借助于模型。

当反应物以稳态流过反应器时，总体上流量应稳定在某一值不变，但反应流体的各个分子(或微元)沿着不同路径通过反应器，路线长短不同，分子在反应器内的寿命也不相同。由于反应器中反应物分子数目众多，分子在反应器内的寿命分布应服从统计规律。停留时间分布函数为各个分子在反应器中停留时间的分布规律，大多数分子的停留时间在中等范围内波动，寿命极短和极长的分子都不多，这种曲线称为停留时间分布函数 $E(t)$。其定义为：$E(t)$ 是进入反应器的流体中在系统内的寿命处于 $t+\mathrm{d}t$ 之间的那部分分子。一般用出口流体在系统内的停留时间来表示 $E(t)$。当系统的流速恒定时，无论出口还是入口所定义的 $E(t)$ 都完全一样。通过反应器的流体分子的全部可看作 1，所以：

$$\int_0^\infty E\mathrm{d}t = 1$$

寿命低于 t_1 的流体所占分率为 $\int_0^{t_1} E\mathrm{d}t$，寿命高于 t_1 的流体所占分率为

$$\int_{t_1}^\infty E\mathrm{d}t = 1 - \int_0^{t_1} E\mathrm{d}t \tag{4.1}$$

停留时间分布函数 $E(t)$ 实际上是一种概率分布函数，可以用其数学期望(均值)、方差等数值特征来确定。$E(t)$ 的均值：

$$\bar{t} = \frac{\int_0^\infty tE(t)\,\mathrm{d}t}{\int_0^\infty E(t)\,\mathrm{d}t} = \int_0^\infty tE(t)\,\mathrm{d}t \tag{4.2}$$

$\bar{t}$ 可称为平均停留时间。$E(t)$ 的方差（离散度）：

$$\sigma^2 = \frac{\int_0^\infty (t-\bar{t})^2 E(t)\,dt}{\int_0^\infty E(t)\,dt} = \int_0^\infty t^2 E(t)\,dt - \bar{t}^2 \qquad (4.3)$$

以平均停留时间 $\bar{t}$ 作为基准时间，t 除以平均停留时间，可以得到无因次停留时间 θ：

$$\theta = t/\bar{t} \qquad (4.4)$$

$$d\theta = dt/\bar{t} \qquad (4.5)$$

则用无因次时间表示的停留时间分布密度函数为：

$$E(\theta)\,d\theta = E(t)\,dt \qquad (4.6)$$

由于 $dt = \bar{t}\,d\theta$，所以

$$E(\theta) = \bar{t}E(t) \qquad (4.7)$$

根据反应器的设计理论，流体在容器内的流动方式可分为几种[119-120]：① 若同一时刻进入窗口的流团均在同一时刻离开容器，这种流动模式称为活塞流；② 当流团一进入容器，立即与其他流团完全混合，不分进入容器的先后，这种流动模式称为全混流；③ 短路流及死区，前者是指窗口内停留时间立即通过容器，停留时间几乎为零，故又称为短路流，而死区是指窗口内停留时间大大超过理论平均停留时间的那一部分流团。

与死区相对应，活塞流和完全混流所占的体积都可以称为活区。实际上，死区中的流体并非停止不动，而是流动得非常慢。死区中的流体不断地与活区中的流体进行交换。按照 Levenspiel[121] 的建议，把流体流团在容器内的停留时间大于理论平均停留时间两倍的那一部分流团称为死区。就管式反应器而言，死区会减少管式反应器的利用率，短路流会大大降低反应器的效率，因此，死区和短路流的存在对管式反应器流动和混合过程都是不利的。在设计上，应尽量减少死区体积和短路流。通过对停留时间曲线的分析可以了解管式反应器内的流动状态。

无因次停留时间分布曲线如图 4.2 所示。停留时间分布密度 $E(\theta)$ 曲线铺展的"宽度"是判断各种流型的最直观的特征。活塞流的 $E(\theta)$ 曲线最窄（宽度为零），而全混流的 $E(\theta)$ 曲线最宽。在活塞流的情况下，方差最小；而在全混流的情况下，方差最大。因此将某一实际流动系统的方差和理想流型的方差进行对比，就可以判定该实际流动系统与理想流动有多大的偏差。倘若在某一特

定的应用上，要求的是活塞流，则用方差这一指标就可以直接区别反应器的流型是否合适。图4.2所示为在不同情况下 $E(\theta)$ 曲线的形状，有死区时，流体流动部分的有效体积小于实际容器的体积，因此造成 $E(\theta)$ 曲线出峰时间早于平均停留时间，而进入死区的流体因缓慢地流出又使 $E(\theta)$ 曲线带上一个长"尾巴"。有沟流时，$E(\theta)$ 曲线出现双峰现象，第一个峰与沟流流体相对应，第二个峰为其余的流体。

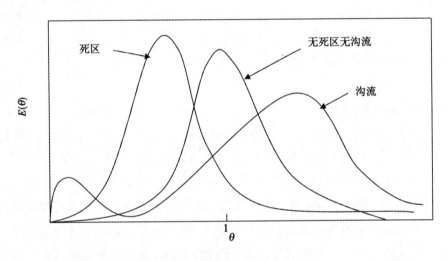

图4.2　无因次停留时间分布曲线

4.2　模拟策略

4.2.1　边界条件及数值解法

对管式反应器稳态流场的模拟采用的湍流模型选用标准 $k\text{-}\varepsilon$ 模型。模拟的物料为水，入口边界为质量流进口，出口边界为质量流出口，壁面附近采取标准壁面函数处理，桨叶的运动采用多重参考系法。

在计算过程中，控制方程的传送项采用压力、速度耦合的 SIMPLEC 算法，离散格式采用二阶迎风，所有项的残差收敛标准采用 10^{-4}，对浓度的残差收敛标准采用 10^{-5}。

4.2.2　停留时间分布的模拟计算方法

对于连续流动的均相反应器，总是期望能够通过对返混的数学描述并结合反应的动力学关系，达到对反应过程进行定量设计计算的目的。要用描述流动的基本微分方程式来求解流体的传质过程，它将流体设计成一种扩散现象，利用数学模型的简化性、等效性等特点来分析离散相粒子的运动状态。

本章计算停留时间分布是按照类似流动场的计算方法计算浓度运输方程，根据不同时刻的浓度分布来确定停留时间分布。

在停留时间分布的模拟方面前人主要有两种方法：一种方法采用离散相模型(DPM)[122]，这种方法是先用 N-S 方程和连续性方程来计算速度场，然后再应用扩散方程来追踪粒子，进而计算出停留时间；另一种方法是采用多物质模型[123]。本章采用的是多物质模型，这种方法也分为两步：首先计算只有水作为单介质的稳态流场，等计算收敛后，将稳态计算改为非稳态计算，引入双物质模型加入与水有相同物理性质的示踪剂，在入口处设定示踪剂的质量分数，在很短的时间之内向入口注入示踪剂，然后去掉示踪剂进行非稳态计算，同时在出口处检测示踪剂的浓度从而得到示踪剂浓度的停留时间分布 $C(t)$ 曲线，然后根据得到的数据进行后期处理。

4.3　单管式搅拌反应器的结果与讨论

4.3.1　计算域

该模型的基本尺寸与第 3 章的单管反应器一致，这里不再重复说明。模型在 Gambit 进行三维实体模型的建立，以非结构化四面体为单元进行网络划分，得到网格 1660781 个单元，经过不同网格数量的无关性计算发现，网格数量在超过 1 百万个单元后对平均停留时间分布计算结果影响不大，网格划分如图4.3 所示。

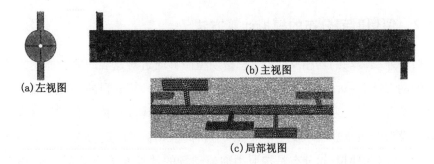

(a)左视图   (b)主视图

(c)局部视图

图4.3 单管式搅拌反应器网格示意图

4.3.2 反应器内的浓度场

下面从宏观上对比一下数值模拟与实验中示踪剂的分散过程，实验中采用红墨水代替示踪剂来观察实验现象，数值模拟中以示踪剂的浓度场来显示示踪剂的分散过程，图4.4所示是在进口流量 $Q=1.8\ \mathrm{m^3/h}$，搅拌转速 $N=150\ \mathrm{r/min}$ 的操作条件下每隔50 s拍摄的实验图像和模拟中浓度分布图的比较。从图中可以看出单管式搅拌反应器内的停留时间吻合较好，从实验图像与模拟值均可以看出，反应器内没有明显死区出现，示踪剂均以推进式向前扩散，由于在浓度图中浓度场显示时选定一定的范围，而且墨水的颜色显示较为明显，所以在实验过程中颜色的褪去相比模拟值在视觉上有些滞后。

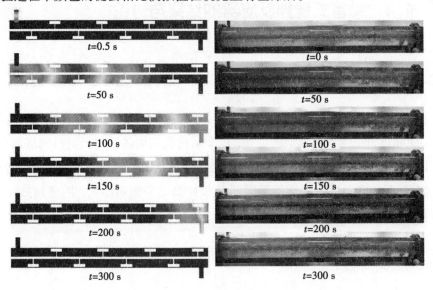

图4.4 数值模拟和实验过程的浓度场比较

4.3.3　模拟值与实验值的比较

通过对模拟及实验测定所得到的浓度-时间曲线的数值进行分析，求得不同入口流量和转速的平均停留时间和方差值，表 4.1 所列是在流量为 1.8，2.4 m³/h，转速为 50，150，250 r/min 时的平均停留时间和方差的模拟值与实验值的比较，图 4.5 所示是在流量为 1.8，2.4 m³/h，转速为 50，150，250 r/min 的情况下实验与模拟的无因次 RTD 曲线的比较。

表 4.1　单管平均停留时间和方差的模拟值与实验值比较

流量 Q /(m³/h)	转速 N /(r/min)	平均停留时间 $\bar{t}$			方差 σ^2		
		模拟值/s	实验值/s	相对误差	模拟值	实验值	相对误差
1.8	50	109.89	180	38.95%	0.095	0.079	20.25%
1.8	150	111.39	164	32.08%	0.137	0.183	25.14%
1.8	250	113.19	119	4.88%	0.183	0.189	3.17%
2.4	50	83.88	90.4	7.21%	0.062	0.051	17.74%
2.4	150	84.55	108.9	22.36%	0.082	0.099	17.17%
2.4	250	85.84	109.87	21.87%	0.116	0.145	20.90%

从表 4.1 中可以看出，在流量为 1.8 m³/h 时平均停留时间的模拟预报值比实验偏低，而且不稳定，最小相对误差小于 5%，而最大相对误差接近 40%，平均相对误差 25%，可能是由于标准 k-ε 模型对复杂搅拌的内部漩涡预报不足，传质过程有些置前现象。在同一流量下，在实验时虽然改变转速对平均停留时间改变没有规律性的影响，但也有波动现象，而在数值模拟时同一流量下改变搅拌转速对平均停留时间的改变较小；另外，模拟对方差的预报较好，相对误差较低，平均在 16% 左右，而且在入口流量较大时，数值模拟的预报值均与实验值比较接近。

由图 4.5 可以看出，实验值与 CFD 预报的 RTD 曲线基本比较吻合，说明本章所用 CFD 方法用来模拟此管式搅拌反应器的 RTD 曲线比较可靠，这为后面的分析奠定了基础。从图中可以看出曲线的峰值均出现在 $\theta=1$ 附近，说明该管式反应器更接近活塞流，但在转速越大时，实验中出现较小的拖尾现象，而在模拟中没有明显的拖尾现象，说明在实验过程中可能出现部分滞留区，而在模拟中没有得到很好的预报。

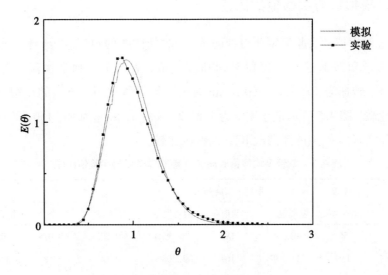

(a)流量=1.8 m³/h，转速=50 r/min

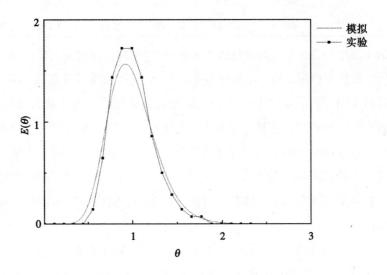

(b)流量=2.4 m³/h，转速=50 r/min

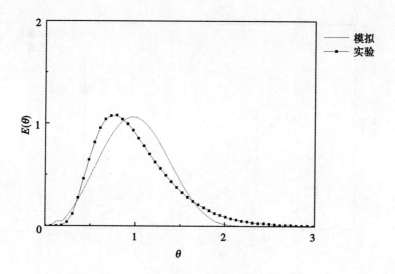

(c)流量=1.8 m³/h,转速=150 r/min

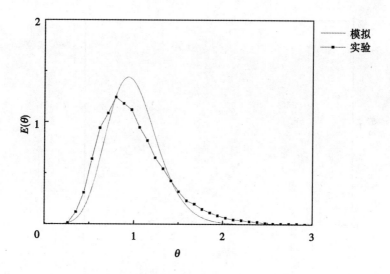

(d)流量=2.4 m³/h,转速=150 r/min

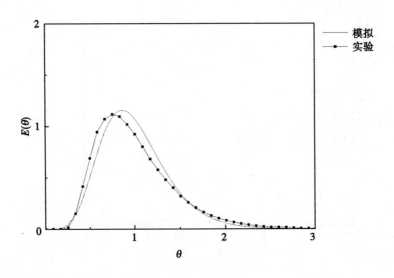

(e)流量=1.8 m³/h, 转速=250 r/min

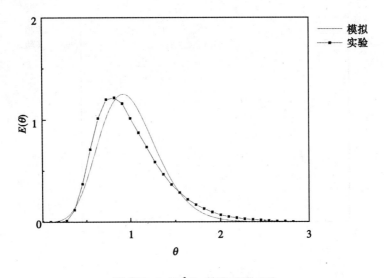

(f)流量=2.4 m³/h, 转速=250 r/min

图4.5　实验与模拟的无因次 RTD 曲线的比较

4.3.4　入口流量对停留时间分布的影响

图 4.6 所示为在流量为 1, 1.5, 1.8, 2.4 m³/h 时, 转速在 50, 150, 250 r/min 时平均停留时间随入口流量增加的变化情况, 由图可以看出, 反应器的平均停留时间随着搅拌转速的增加而减小。

图 4.7 与图 4.8 所示是在搅拌转速 $N=150$ r/min 时不同入口流量停留时间分布曲线和无因次停留时间分布曲线, 由图 4.7 可以看出, 在出口处监测到不

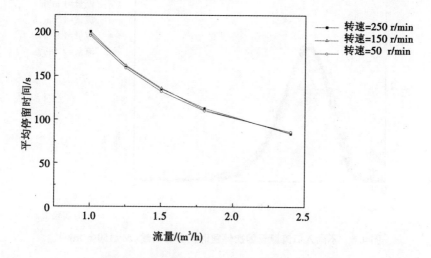

图 4.6　平均停留时间随入口流量增加的变化

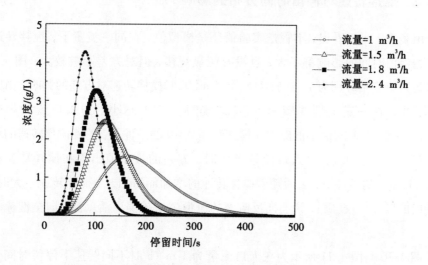

图 4.7　不同入口流量停留时间分布曲线($N=150$ r/min)

同入口流量值对应的响应时刻不同，流量越大，停留时间分布曲线响应时间越短。由图 4.8 的无因次停留时间分布曲线可以看出，流量越大 $E(\theta)$ 的峰值越向 $\theta=1$ 处靠近，更接近理想活塞流，但在工程应用中，在管式反应器中增加入口流量可以有效减少反应器的死区，为了让物料得到更充分的混合和反应，应延长物料在反应器内的停留时间，但流量不宜过大，所以选择适合的流量是在研究工作中应该考虑的问题。

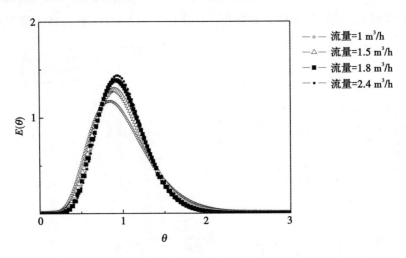

图 4.8　不同入口流量无因次停留时间分布曲线（$N=150$ r/min）

4.3.5　搅拌转速对停留时间分布的影响

由表 4.1 可以看出，不管是实验值还是模拟值，在同一流量下，搅拌转速对平均停留时间的影响都不大，且没有明显规律，但对方差影响较大，图 4.9 所示为入口流量分别为 1，1.5，1.8，2.4 m^3/h 时搅拌转速对方差的影响，由图可以看出，在一定的搅拌转速下，流量越大，方差越小。当入口流量超过 1.5 m^3/h时，方差的最小值出现在搅拌转速 $N=0$ 的条件下，随着搅拌转速的增加，方差也随之增大；当入口流量较小时，方差的最小值出现在搅拌转速在 50 r/min 左右的条件下，之后随着搅拌转速的增加而增加，当搅拌转速过大时，方差值的增加比较剧烈，说明向反应器的流型越来越偏离活塞流，向全混流靠近。

图 4.10 与图 4.11 所示为在入口流量为 1 m^3/h 时不同转速下停留时间分布曲线和无因次停留时间分布曲线。由图 4.10 可以看出，搅拌转速 $N=50$ r/min

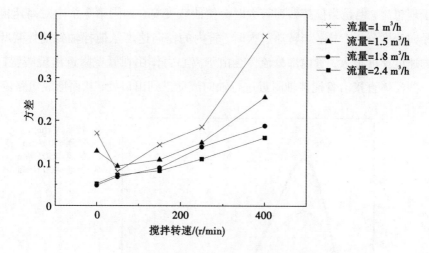

图 4.9　不同搅拌转速对方差的影响

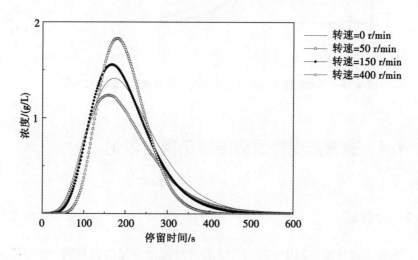

图 4.10　不同转速的停留时间分布曲线(流量＝1 m³/h)

时的响应时间最长,介质完全离开反应器的时刻最早而且无拖尾现象,说明此时的反应器流型最接近活塞流;搅拌转速 $N=400$ r/min 的响应时间最短,而且有些拖尾现象,响应时间短,说明反应器内出现短路流;在搅拌转速 $N=0$ r/min 时拖尾现象最严重,说明相对增加搅拌装置来说,在无搅拌时可能有死区,出现部分流体滞留现象。由图 4.11 的无因次停留时间分布曲线可以看出,增加适当的搅拌的曲线比无搅拌的曲线更窄,当 $N=50$ r/min 曲线的峰值更接近于 $\theta=1$ 处,说明增加搅拌装置也能有效防止死区的出现,使反应器内的流型更接

69

近于理想流，但是当搅拌转速较大时会使曲线变宽，如同第 3 章中对高速搅拌的径向速度分析一样，当转速过大时，管内的径向速度从搅拌轴到搅拌桨叶顶端的速度梯度很大，管内部分流体会由于离心力作用在管壁附近出现滞留，导致一些流体直接沿着搅拌轴附近进行轴向流动进到出口处，从而形成短路流。

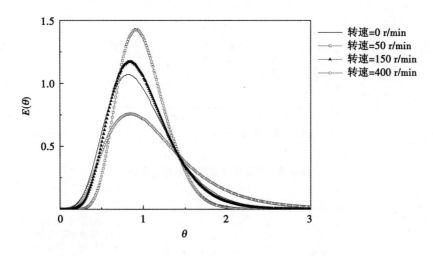

图 4.11　不同转速下的无因次停留时间分布曲线（流量 = 1 m³/h）

4.4　叠管式搅拌反应器的结果与讨论

4.4.1　计算域

在叠管式搅拌反应器中，每根管子的尺寸跟单管反应器相同，其中管与管中心之间间隔为 350 mm，几何模型和网格划分在 FLUENT 的子软件 Gambit 里完成，采用非结构化网格划分技术，经过多次网格无关性计算发现，计算平均停留时间与网格精度关系不大，为节约更多的 CPU 时间，对叠管搅拌反应器的网格划分比单管降低一级精度，最终得到网格数为 1329440 个单元。叠管式搅拌反应器的模型如图 4.12 所示。

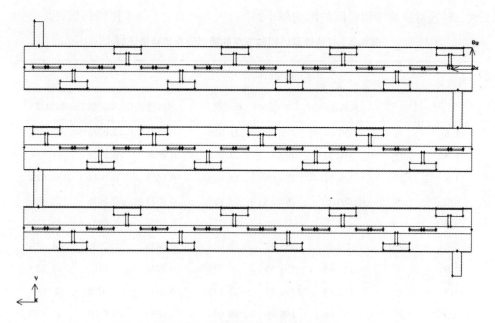

图 4.12 叠管式搅拌反应器的模型

4.4.2 模拟值与实验值的比较

在叠管式反应器的实验研究和模拟研究中，分别对流量为 1.8，3.0，3.9 m³/h，转速为 50，150，250 r/min 的情况进行了考察，表 4.2 是不同操作条件下的平均停留时间和方差的模拟值与实验值的比较，平均停留时间的模拟值与实验值跟单管模拟的趋势一致，模拟值较实验值稍微偏低，但相对误差比较平均，都控制在 20% 左右。除了所选湍流模型的偏差外，这些相对误差主要来自两个方面：长度的增加加大了实验操作的一些不确定因素；在模拟过程中对装置管与管之间的连接处进行了相应的简化。

实验值和模拟值趋势总体保持很好的一致性，因此也具有很大的参考意义。由表中可以看出，随着入口流量的增大，平均停留时间减少，方差也逐渐减少；当搅拌转速超过一定值时，搅拌转速越大，方差越大，说明反应器流型趋向于非理想流。平均停留时间的影响因素比较多，在模拟结果中，搅拌转速对平均停留时间的影响不大，但在实验结果中，当转速增加到一定值时，由于离心力作用，部分流体在管壁附近造成环向流动的滞留，大部分流体直接沿搅拌轴附近向前运动直接到出口处，因此平均停留时间相应减少。此外，流量越大，转速对平均停留时间的影响越小。

表 4.2　平均停留时间和方差的模拟值与实验值比较

流量 Q /(m³/h)	转速 N /(r/min)	平均停留时间 $\bar{t}$			方差 σ^2		
		模拟值/s	实验值/s	相对误差	模拟值	实验值	相对误差
1.8	50	336.64	426.36	21.04%	0.0221	0.0233	5.15%
1.8	150	338.72	409.36	17.26%	0.0394	0.0461	14.53%
1.8	250	329.71	386.06	14.60%	0.0555	0.0484	14.67%
3.0	50	201.6	262.35	23.16%	0.0233	0.0226	3.10%
3.0	150	198.3	251.7	21.22%	0.0320	0.0431	25.75%
3.0	250	198.3	235.17	15.68%	0.0423	0.0369	14.63%
3.9	50	154.85	193.55	19.99%	0.0242	0.0162	49.38%
3.9	150	152.48	194.81	21.73%	0.0318	0.0295	7.80%
3.9	250	152.48	188.46	19.09%	0.0397	0.0304	30.59%

图 4.13 为实验值与模拟的 RTD 曲线比较，实验值与 CFD 结果比较吻合，尤其是在低速搅拌时模拟值与实验值吻合较好，说明本章所用 CFD 方法用来模拟此叠管式搅拌反应器的 RTD 曲线比较可靠。叠管式反应器与单管式反应器得到的结果大致保持一致，从叠管与单管的平均停留时间比较来看，叠管的平均停留时间大致是单管平均停留时间的 3 倍，说明反应器管道数量的增加不会改变反应器的流动特性。

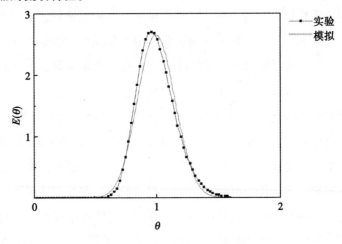

（a）流量＝1.8 m³/h，转速＝50 r/min

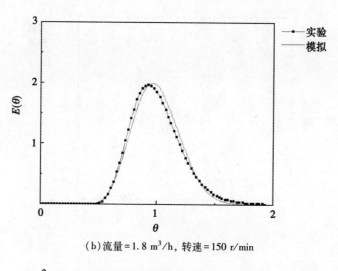

(b)流量=1.8 m³/h, 转速=150 r/min

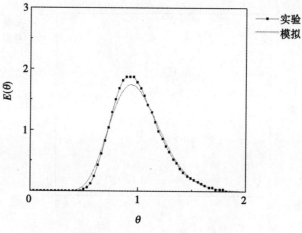

(c)流量=1.8 m³/h, 转速=250 r/min

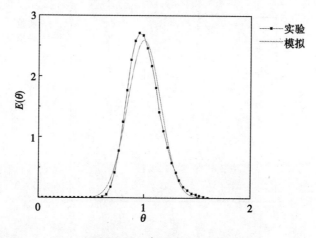

(d)流量=3.0 m³/h, 转速=50 r/min

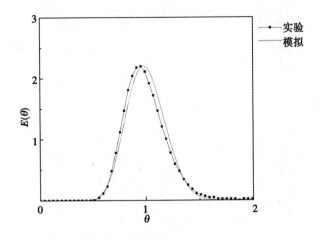

(e) 流量=3.0 m³/h，转速=150 r/min

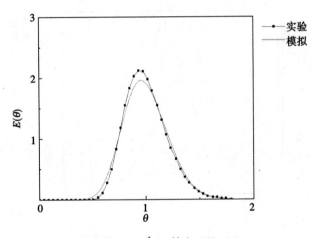

(f) 流量=3.0 m³/h，转速=250 r/min

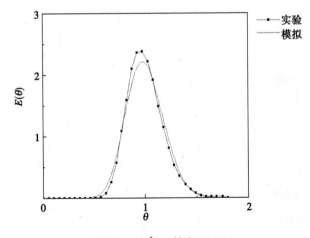

(g) 流量=3.9 m³/h，转速=50 r/min

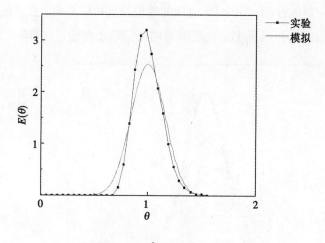

（h）流量=3.9 m³/h，转速=150 r/min

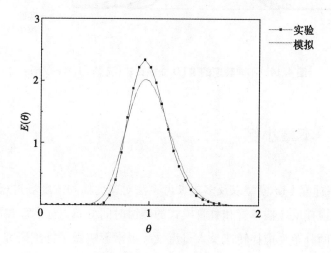

（i）流量=3.9 m³/h，转速=250 r/min

图4.13　实验与模拟的 RTD 曲线比较

4.4.3　无因次停留时间分布

图4.14所示是流量为1.8 m³/h时不同转速的 RTD 曲线比较，其无因次 RTD 分布跟单管类似，总体来说，反应器流型接近活塞流，通过模拟值的比较，适当增加搅拌转速可以使 RTD 曲线变窄，增强反应器性能，使管内流动更趋向于理想流。但随着转速的增加，RTD 曲线会慢慢变宽，当搅拌转速为400 r/min 时，曲线峰值向 θ<1 处偏移，反应器由于高速旋转有短路流出现，高速搅拌将

大大降低反应器的性能。由 RTD 曲线的峰值位置可以看出，在转速为 50 r/min 时曲线峰值出现在 $\theta=1$ 附近，此时的管内流型趋于理想。

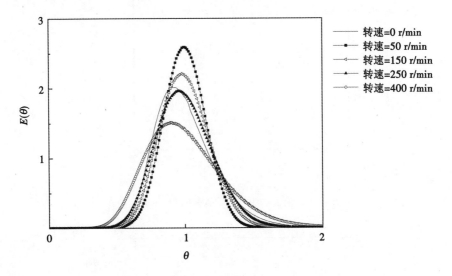

图 4.14　不同转速的 RTD 曲线比较(流量 = 1.8 m³/h)

4.5　本章小结

① 采用标准 $k\text{-}\varepsilon$ 模型以及多重参考系法对速度场和浓度场进行分开求解，计算了管式搅拌反应器单管和叠管模式的停留时间分布，对该管式搅拌反应器中的停留时间分布受搅拌转速及入口流量等因素影响做了详细研究，并比较了模拟计算的停留时间分布与实验结果，模拟结果与实验数据基本吻合，说明本章所建立模型及模拟方法比较有效可靠。

② 带搅拌装置相比无搅拌装置通过增加扰动、避免死区和防止返混等方式来改善反应器的性能，并使 RTD 曲线变窄，使管式反应器流型接近理想状态，但搅拌转速增加到一定程度后增加转速会使 RTD 曲线变宽，反应器出现短路流现象。最佳转速不宜过大，通过不同搅拌转速的比较，转速在 50 r/min 左右时反应器的流型更趋向于活塞流。

③ 管式搅拌反应器内的停留时间分布测定结果显示，反应器内流型接近活塞流，流量增大，平均停留时间减少，方差变小；当搅拌转速到一定范围后，转

速越大，方差越大，但对平均停留时间影响不大。

④ 叠管式反应器与单管式反应器计算得到的结果大致保持一致，并与实验结果相符，即叠管的平均停留时间大致是单管平均停留时间的 3 倍，说明反应器管道数量的增加不会改变反应器的流动特性。

第5章　管式搅拌反应器混合时间的数值模拟

从搅拌角度来讲，搅拌过程本质上来说就是一个混合过程，由于物料、物性的差异，混合过程也不尽相同，对一个搅拌反应器的局部流动和混合信息的了解不仅有助于提高生产率以及减少副产物，还能够指导反应器的设计，使其效益更高。随着 CFD 技术的发展，利用数值模拟方法计算混合时间的应用比较广泛，利用 CFD 方法可以方便地获得搅拌反应器内局部混合信息，可以节省大量的研究经费，而且可以获得实验手段所不能得到的数据。Noorman[75]对单层搅拌槽内的混合过程进行了实验研究和数值模拟，其示踪剂响应曲线与实验结果趋势一致，但在细节上有较大差别。Schmalzriedt[124]也计算了一种搅拌反应器的三维浓度场分布，并利用文献数据进行了验证，认为其结果与湍流模型密切相关。利用数值模拟的方法除了可以获得更多的局部流场信息外，还可以节省大量的实验研究经费，对搅拌设计的开发和改进有很好的指导作用。

本章将从 CFD 的角度对管式搅拌反应器混合过程进行较全面的数值研究，由于长度和条件的限制，本章只对单管式搅拌反应器的混合过程进行 CFD 研究。考察了不同搅拌转速及监测点对混合时间的影响规律，并将计算结果与实验结果进行了比较，通过本章的研究为管式搅拌反应器的进一步设计和研究提供实验和数值模拟的研究思路。

5.1　实验部分

5.1.1　实验流程

本章研究测定混合时间的实验采用的单管反应器，尺寸在前面章节有介绍，这里不另加说明，实验装置如图 5.1 所示。实验介质为自来水，示踪剂为

NaCl 饱和溶液，实验时当反应器内搅拌稳定后由左侧示踪剂入口处加入示踪剂，同时在另一侧测定该点的浓度响应曲线。

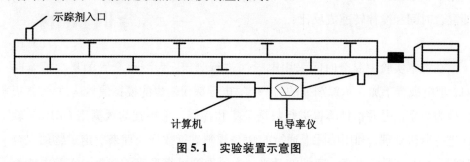

示踪剂入口

计算机　　　　　电导率仪

图 5.1　实验装置示意图

5.1.2　混合时间的测定

对宏观混合特性的研究较多，在设计搅拌设备时，叶轮搅拌功率、排量、混合速率和混合效率是最重要的信息。常用功率准数、排出流量准数、循环流量准数和混合时间来表征叶轮的搅拌特性。

混合时间是表征搅拌反应器内流体混合状况的一个重要参数，是评定搅拌器效率的重要参数，是搅拌反应器设计及放大的重要依据之一。可以这样评定一个搅拌器的效率：在输入功率一定的条件下混合时间的长短，或者在指定时间内达到指定的搅拌程度所消耗功率的多少。事实上，对于任何混合问题，达到指定的均匀程度所需的混合时间，都是衡量搅拌器对输入功率的利用率的一个尺度[125]。

混合时间的定义是指两种完全互溶但物理或化学性质（如电导率、颜色、温度、折光率等）有差异的流体通过搅拌达到规定混合程度所需的时间。实验时将示踪剂加入到反应器内液体中，示踪剂与主体流体的黏度和密度相同，并能与主体液体互溶。这种实验就是对简单混合操作进行观察，利用适当的检测仪器（本章使用的是电导率仪）来测定反应器中某一点处示踪剂的浓度与时间的函数关系。国际上通常采用 95%规则，即当示踪剂浓度达到最终稳定浓度值的变化值在±5%时，该时刻即为混合时间。

混合时间的实验测定方法主要为电导法、热法和脱色法等[126-127]，其中电导法较为常用：在搅拌系统达到稳定状态后，瞬间加入少量电解质，同时用电导率仪测定电导率随时间的变化来确定混合时间。该法装置简单，测量方便，但电导电极对槽内的流动状态有一定的影响。

Holmes[128]首先用电导法的单电极法进行了混合时间测定，Ruszkowski[129]使用了多电极测定，Cronin[130]使用了脱色法。这些方法都给出了一致的结论，即混合时间和搅拌转速成反比：

$$\theta_m \propto 1/N \qquad (5.1)$$

在本章实验中混合时间采用电导法进行测定，为测得全管的最大混合时间，把电极置于加入示踪剂处的另一端，电导率仪输出的模拟信号通过 A/D 板转换为数字信号并由计算机进行数据采集和存储。采集到的数据用 ORIGIN 软件进行分析处理，利用国际上通行的 95% 规则进行数据处理来确定最终的混合时间，由于仪器输出有一定的波动性，为了得到可靠准确的数据，实验中所有的混合时间值都是至少 5 组实验数据的平均值，其平均相对误差在 10% 以内。

5.2　计算方法

5.2.1　计算域

计算模拟结构及相关尺寸与实验一致，如图 5.2 所示，其中 A 点为加料处，P1、P2 和 P3 分别为监测点，实验时以水为工作介质，转速分别采用 50，150，250，350 r/min。

在计算过程中选取整个反应器为计算区域，利用与 FLUENT 接口比较好的前处理器 Gambit 建立模型并生成网络，采用四面体的非结构化网格进行划分，并对桨叶附近进行加密处理，共 1649778 个单元，反应器的网格划分如图 5.3 所示。

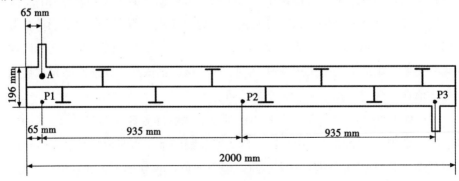

图 5.2　加料点和监测点位置示意图

图 5.3　管式搅拌反应器网格示意图

5.2.2　湍流模型

本章运用商用 CFD 软件 FLUENT 6.3 进行数值模拟，守恒的通用控制方程为

$$\frac{\partial}{\partial t}(\rho\phi) + \frac{\partial}{\partial x_i}(\rho v_i \phi) = \frac{\partial}{\partial x_i}\left(\Gamma \frac{\partial\phi}{\partial x_i}\right) + S \tag{5.2}$$

式中：ϕ——传递变量；

　x_i——传递方向，其中 i 为方向；

　S——单位体积源项；

　Γ——扩散系数，$\Gamma = \mu_e / S_c$，其中 μ_e 为有效黏度，S_c 为 Schmidt 准数。

选择合适的湍流模型是模拟结果可靠性的关键，本章选用应用范围较广的标准 $k\text{-}\varepsilon$ 湍流模型。

5.2.3　混合时间的计算方法

具体处理方法是：首先在一小块体积上定义示踪剂初始浓度为 1，体积的计算是根据示踪剂加入位置的物理坐标找到相应的网格点，与此网格相邻的六个网格均定义为示踪剂的初始浓度。然后计算出此示踪剂在反应器内完全混合均匀后的浓度值。计算不同时刻监测点位置的浓度，采用国际上通用的 95% 规则，即当示踪剂的质量分数达到最终稳定的变化值在 ±5% 时，该时刻为混合时间 t_{m}[44]。

示踪剂混合过程是一个随时间变化的动态过程，计算过程为非稳态计算。在具体计算时进行了两步：第一步在计算时同时求解所有质量、动量传输的方程，第二步在计算时只计算示踪剂浓度的传输方程。在第二步计算时速度和湍流参数等的传输方程被锁定，不再进行计算，这样可以大大节省计算时间。由此就可以得到示踪剂浓度随时间的变化过程，根据浓度的变化过程可以计算混合时间，并可以将监测点的浓度变化与实验数据进行比较。

5.2.4　边界条件及数值解法

管式搅拌反应器稳态流场模拟的物料为水，所有壁面附近采取标准壁面函数处理，桨叶的运动采用多重参考系法（MRF），在此法中，整个容器被分为两区域：搅拌桨区域和桨外区域，随着坐标系的转换，整个区域的求解通过两个区域的界面速度的匹配来完成，静止区域和旋转区域分别各自求解方程，搅拌的效果靠参考坐标系来实现。

在计算过程中，控制方程的传送项采用压力-速度耦合的 SIMPLE 算法，离散格式采用二阶迎风，所有项的残差收敛标准均采用 10^{-4}，对浓度的残差收敛标准采用 10^{-5}。整个模拟计算过程采用并行计算技术在双 Intel Xeon 3.0 GHz CPU，16GB 内存的工作站完成。

5.3　计算结果与讨论

5.3.1　混合过程的浓度场

图 5.4 所示为转速 150 r/min 时轴向截面不同时刻的示踪剂浓度分布，由图可以看出，示踪剂从加料点处开始马上进入混合状态，反应器内流体沿轴向均匀混合，整个反应器内没有死区，实验时不同时刻拍出的颜色扩散的图片和模拟的浓度场比较吻合，但由于反应器的长径比比较大，在经过轴向长度的一半以后混合比较缓慢，随着时间的推进，反应器内染色剂逐渐分散，浓度不再集中，扩散过程也逐渐降低，要达到完全均匀混合需要很长时间，在模拟中，当搅拌时间为 1000 s 时才算基本均匀。

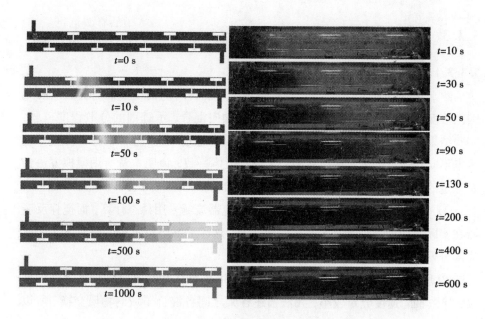

图 5.4　不同时刻的搅拌反应器的浓度分布图($N = 150$ r/min)

5.3.2　混合过程的流动场

图 5.5 所示为转速为 250 r/min 时反应器内流动稳定后的典型流场分布，由图可以看出流体沿着搅拌桨运动方向循环流动，速度值由轴中心向管壁附近处逐渐增大，与反应器连续流动操作时的流场相近，反应器的流型以绕着搅拌轴的环向流动为主，反应器的轴向推进作用较小，而且每个桨叶的背后都会出现连续转动的漩涡，这些与前人关于模拟搅拌桨的研究[131]基本一致。

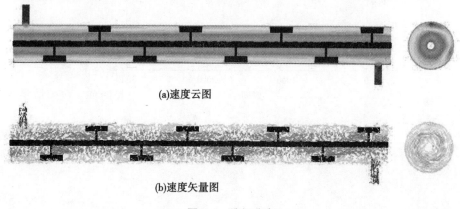

(a)速度云图

(b)速度矢量图

图 5.5　流场分布

5.3.3 混合时间的数值模拟

5.3.3.1 示踪剂响应曲线

图 5.6 所示为在监测点 P3 处不同转速下混合时间的模拟值与实验值的无因次浓度曲线的比较，由于管式反应器是轴向混合，示踪剂的分散程度较弱，实验结果和模拟计算结果的无因次浓度均没有超过 1.0，但可以看出在同一监测点不同转速下的浓度曲线在趋势上保持大体一致，说明本章所用模拟方法具有一定的指导意义。存在误差的主要原因如下。

① 在模拟过程中为减少计算时间，反应器流场采用稳态计算，而搅拌反应器在实际操作中呈现的是非完全周期性的，这样求解质量方程的瞬时流场会造成部分偏差。

② 所选用的标准 k-ε 模型并不能完全描述搅拌桨叶区域涡与涡之间的预报，导致轴向速度分量较小，无法描述各桨之间各混合子域的物质交换，所以预报值出现滞后现象。

③ 在实验中，由于反应器内介质浓度较低，探针对浓度的灵敏度减弱，存在测量上的偏差。

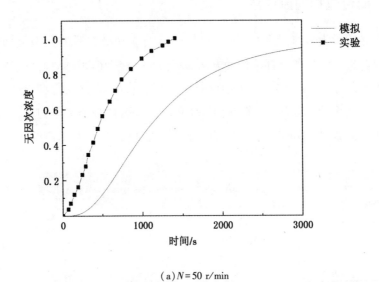

（a）$N = 50$ r/min

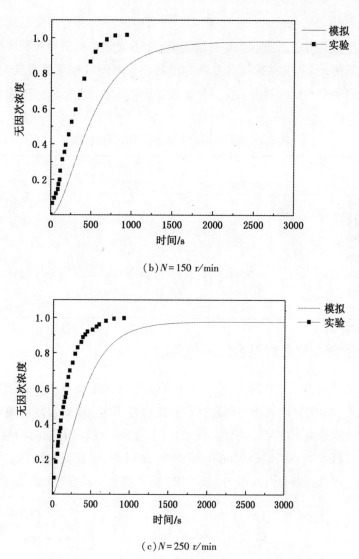

（b）$N=150$ r/min

（c）$N=250$ r/min

图 5.6　不同转速下混合时间的模拟值与实验值的比较

5.3.3.2　混合时间

在入口处加料，监测点 P3 位置所测得的不同转速下混合时间的 CFD 模拟值与实验值的比较如表 5.1 所示，由表中可以看出，混合时间的模拟值与实验值趋势保持一致，即混合时间和搅拌转速成反比；随着转速的增加，混合时间相应减少；但当搅拌转速达到一定值时，搅拌转速对混合时间影响不大。

总体上来讲模拟估算值比实验值偏高，最小相对误差 15% 左右，最大高达 50% 以上，平均误差 37%，比 Jaworski 等[132]用此方法得到的混合时间是实验值

的 $2\sim3$ 倍的误差有所改进，但比张国娟[133]的 $10\%\sim15\%$ 的误差偏高。偏差较大的原因可能是由所选的标准 $k\text{-}\varepsilon$ 湍流模型产生的，该模型对各循环间的传质过程严重低估，搅拌桨结构比较复杂的设备混合时间的模拟都有较大的偏差，本书实验所采用的反应器由于搅拌桨比较多，桨叶之间各循环间的质量传递的问题不好解决。

表 5.1　混合时间的实验值与模拟值的比较

转速 $N/(\text{r/min})$	混合时间		
	实验值/s	模拟值/s	相对误差
50	1580	1870	15.51%
100	630	1110	43.24%
150	560	860	34.88%
200	380	740	48.65%
250	300	670	55.22%
300	410	620	33.87%
350	420	580	27.59%

5.3.4　监测点位置对混合时间的影响

图 5.7 所示为搅拌转速为 300 r/min 的三个不同监测点示踪剂浓度随时间的变化曲线，由图可以看出不同监测点的波动性不大，没有出现明显的波峰或波谷，这可能是由于搅拌叶片分布比较均匀，使得物料沿着轴向均匀扩散，但也有三个不同监测点的混合时间有所区别，中间点 P2 处监测到的混合时间最短，两端监测点的混合时间相当，其中 P3 处监测到的混合时间最长。

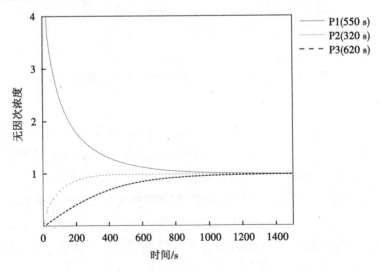

图 5.7　不同监测点示踪剂浓度随时间的变化曲线

5.3.5　功率特性的数值模拟

在搅拌设备的设计和放大中，搅拌功率是很重要的参数。功率与反应器内的流场是密切相关的，但对流场的实验测量比较复杂，理论上计算又十分困难。而通过对搅拌功率的测量，还有助于了解反应器内的流动状况，并且搅拌功率还直接与操作费用、产品性能有关。

对单层桨搅拌功率的研究已经比较充分，包括搅拌反应器本身的几何形状和尺寸、内部构件和操作参数等对搅拌功率的影响，有较多的关联式可供参考[134]。但对多层桨搅拌功率的报道较少。简单地认为多层桨的功率准数是单层桨的叠加，即单层桨的功率准数乘层数实际上并不是合适的。Armenante[135]利用在搅拌轴上安装多个扭矩传感器，分别测量了不同位置搅拌器的功率准数，发现在通气状况下，下部搅拌器所消耗的功率比上部的大。毛德明[136]详细地研究了双层径流桨、双层斜桨和双层组合桨在不同层间距下功率准数的变化，并结合流场流型对变化规律进行了解释。

对于牛顿流体，研究结果多以功率准数 N_p（或功率常数 K_p）的形式给出：

$$N_p = \frac{P}{\rho N^3 d^5} \tag{5.3}$$

式中：N_p——搅拌功率准数；

$\quad\quad P$——搅拌功率，W；

$\quad\quad \rho$——介质密度，kg/m^3；

$\quad\quad N$——搅拌转速，r/min；

$\quad\quad d$——叶轮直径，m。

影响搅拌功率 P 的主要因素有四类：

① 搅拌桨叶因素，如桨叶直径 D_i、叶宽 W_i、倾斜角 θ、转速 N、单个叶轮上的叶片数 n_p、叶片宽 B_i 与桨层数 n 等；

② 搅拌反应器因素，如管径 D_i、管长 L、液深 H、液含量 ε；

③ 有关被搅拌液体的因素，如液体的密度 ρ、黏度 μ；

④ 重力加速度 g。

可以推导出搅拌功率准数一般化关联式为：

$$N_p = \frac{P}{\rho N^3 d^5} = K \left(\frac{D_i^2 N\rho}{\eta}\right)^p \left(\frac{D_i N^2}{g}\right)^q \left(\frac{D_i}{D_t}\right)^\alpha \left(\frac{W_i}{D_t}\right)^\beta \left(\frac{l}{L}\right)^x (n_b)^\delta \left(\frac{B_i}{D_t}\right)^\gamma \cdots$$

$$= K Re^p Fr^q \left(\frac{D_i}{D_t}\right)^\alpha \left(\frac{W_i}{D_t}\right)^\beta \left(\frac{l}{L}\right)^x \left(\frac{B_i}{D_t}\right)^\gamma \cdots \tag{5.4}$$

式中：　　　　　　　K——方程式系数；

p, q, α, β, χ, δ, γ——方程式参数。

对于一定的搅拌桨叶和搅拌反应器，则式(5.4)可写成：

$$N_p = K\,Re^p\,Fr^q \tag{5.5}$$

一般情况下，Fr数的影响很小，也可将其包含在系数K中，因此上式可写成：

$$N_p = \frac{P}{\rho N^3 d^5} = K\,Re^p \tag{5.6}$$

N_p是一个无因次数群，它表示机械搅拌所施加于单位体积被搅拌液体的惯性力之比。

雷诺数Re表征惯性力与黏性力的相对大小，对于牛顿流体定义为

$$Re = \frac{d^2 N \rho}{\eta} \tag{5.7}$$

一般来说，搅拌功率可以通过下式求得：

$$P = M\omega = \frac{\pi N M}{30} \tag{5.8}$$

式中：M——扭矩，N·m；

　　　ω——角速度，rad/s；

　　　N——搅拌转速，r/min。

通过模拟计算得到搅拌桨的扭矩值，从而得到不同雷诺数下的功率准数。

不同转速下的功率准数的计算值与实验值的比较如表5.2所示，由表可以看出，模拟计算得到的结果基本与实验结果吻合，其趋势和文献[137]一致，模拟值比实验值偏高，在转速较低时相对误差较小，最小相对误差为5.65%，随着转速的增加，Re增加，相对误差逐渐增大，最大相对误差为34.21%。

表5.2　功率准数的实验值与模拟值的比较

转速 $N/(\text{r/min})$	N_p		
	实验值	模拟值	相对误差
50	3.84	4.07	5.65%
100	3.4	3.71	8.36%
150	3.19	3.64	12.36%
200	2.99	3.54	15.54%
250	2.49	3.49	28.65%
300	2.39	3.45	30.72%
350	2.25	3.42	34.21%

　　图 5.8 所示是模拟得到的管式搅拌反应器功率准数 N_p 随雷诺数 Re 变化的曲线, 随着反应器内 Re 增加, N_p 减少。图 5.9 直观地给出了混合时间和单位体积功耗的关系图, 由图可以看出, 开始时随着单位体积功耗的增加, 反应器的整体混合时间急剧下降, 当单位体积功耗到一定程度后, 对反应器的混合时间影响不大, 这一结果对于工业反应器的设计与应用有很重要的意义, 对于一个混合反应过程来说, 选择一个合适的搅拌转数可以在缩短混合时间的同时节省能耗。

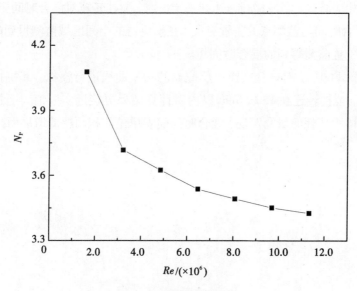

图 5.8　功率准数曲线

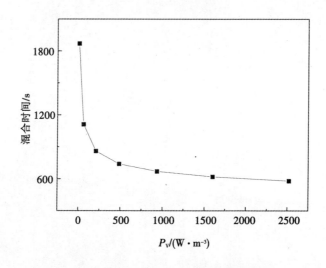

图 5.9　单位体积功耗与混合时间的关系

5.4　本章小结

运用标准 k-ε 湍流模型及多重参考系法，对管式搅拌反应器的速度场和浓度场分别进行数值模拟，并计算了不同转速下的混合时间和功率准数。

① 通过对混合时间的比较，模拟值与实验值基本吻合。随着转速的增加，混合时间相应减少；当搅拌转速达到一定值时，搅拌转速对混合时间影响不大。

② 混合时间与监测点的位置有关，在反应器的中间区域监测得到的混合时间比其他位置监测得到的混合时间短。

③ 用 CFD 方法对该管式搅拌反应器的功率曲线进行模拟，其模拟结果和实验吻合，搅拌转速在 150 r/min 以内时计算结果更接近实验值。通过混合时间和单位体积功耗的研究发现，混合时间随着单位体积功耗的增加而减少。

第6章 管式搅拌反应器流动特性与混合特性的大涡模拟

大涡模拟(LES)的基本思想是通过滤波把流场中的所有变量分成大尺度量和小尺度量,对大尺度量进行直接求解,小尺度量采用亚格子(SGS)模型进行格式化。LES 较 RANS 对搅拌反应器内的瞬时流场预报更准确,特别对于尾涡的捕捉更有效。LES 仍需要比较大的计算机容量,但随着计算机网络并行计算的发展,可以有效合理地分配计算量,大大缩短了计算时间,使得 LES 在工程应用中成为可能。

使用 LES 的基本原理有:

① 动量、质量、能量主要由大尺寸漩涡传输;

② 大漩涡依赖于流动中的几何形状及边界条件;

③ 小漩涡不依赖于几何形状,更容易呈现各向同性,且具有普遍性;

④ 当仅模拟小漩涡时,更容易建立通用的模型。

第3章已经选取了一种单管带多级搅拌叶片的反应器作为研究对象对其流场进行了系统研究,在本章中,利用 CFD 商用软件 FLUENT 6.3 的大涡模拟的方法对该反应器内的三维流动场进行一些基本研究工作,并将其停留时间分布的情况与标准 k-ε 模型得到的结果一起与实验结果进行对比,然后用大涡模拟的方法对该反应器的停留时间分布及混合时间进行模拟,并与实验室比较,目的是掌握该方法在反应器流动特性数值计算中的一些特点与规律,为今后对该反应器的进一步研究奠定基础。

6.1 计算域

对管式搅拌反应器进行大涡模拟计算采用的计算域与单管式反应器结构和实验装置一致。该模型的基本尺寸具体数值如下。

搅拌反应器的CFD数值模拟：理论、实践与应用

反应器：直径(内)$D = 190$ mm，长度 $L = 2000$ mm。

进出口：直径(内)$D_1 = 40$ mm。

搅拌轴：长度 $l_1 = 2000$ mm。

搅拌叶片：长度 $l_2 = 120$ mm，宽度 $w = 30$ mm，厚度 $d = 6$ mm，距轴中心高度 $h = 89$ mm。

本章模型的建立及网格的生成在 FLUENT 的前处理软件 Gambit 里完成，大涡模拟中计算网格一方面是数值离散的基础，另一方面也决定了低通滤波的尺度，因此具有较重要的作用。在保证空间精度相同的情况下，非均匀分布的网格的 CPU 计算量仅为均匀网格的 25% 左右，可见合理的网格模型可大大提高计算效率[138]。通过对几种不同数量及分布形式的网格进行试算，确定了一种较密的网格划分，整个计算域为非结构四面体网格，单元总数为 1837669 个，对桨叶端附近网格进行了局部加密处理，桨叶及槽体等固壁区采用壁面函数方法处理。

6.2 桨叶区处理方法

桨叶的旋转运动采用滑移网格法实现。滑移网格法(SM)是一种非定常的计算，计算的是各个时刻的瞬时值。它适用于任意形状的搅拌桨、搅拌反应器内，同时需要较大的计算机内存和较长的计算时间。LES 模拟的是搅拌反应器内瞬间流场，本章 LES 方法中均选取滑移网格法来描述搅拌桨的运动。

滑动网格模拟的非稳态问题大部分是时间周期性的，也就是非稳态问题移动区域的速度是周期复现的。在将滑动网格技术用到两个单元区域时，如果在每个区域独立划分网格，则必须在开始计算前合并网格，每个单元区域至少有一个边界的分界面，该分界面区域和另一单元区域相邻。相邻的单元区域的分界面互相联系形成"网格分界面"。这两个单元区域互相之间沿网格分界面相对移动，网格分界面必须定位。

SM 利用多区块、瞬时网格的功能。整个流场被分成两个互不重叠的圆筒状/圆柱状子区域，每个区域都作为独立的区域进行网格划分。外部子区域为静止坐标系，内部子区域和搅拌桨一起旋转。利用滑移网格法计算时，只有一个静止坐标系，对内外网格的处理是外部的网格静止，内部的网格随搅拌桨一

92

起转动，两部分网格之间通过滑移界面进行插值处理。滑移网格法相对于多重参考系法需要较大的计算机内存和较长的计算时间。

6.3　数值解法

大涡模拟中动量方程的离散采用中心差分格式，时间推进采用二阶精度的隐式格式，压力-速度的耦合采用 PISO 算法，标准 $k\text{-}\varepsilon$ 模型计算时分别采用二阶迎风格式和 SIMPLE 算法，各种模型和算法原理见第 2 章。

计算时先利用标准 $k\text{-}\varepsilon$ 模型计算初始流场，然后进行非稳态的大涡模拟。在 LES 模拟中合理的时间步长对计算结果的准确性很重要，不同作者采用了不同的依据来确定时间步长，一般说来，计算步长大致选取桨叶叶片滑过 1° 的时间，在本章中，每个时间步长取 0.001 s，每个时间步长内所有残差精度均为 10^{-4}，在计算 10 s 后流场达到近似稳态时停止计算，然后收集数据进行后处理计算。本章的模拟借助 FLUENT 6.3 并行版本，Windows 64 位操作系统平台，在双 Intel Xeon 3.0 GHz CPU 上进行模拟计算完成。

6.4　计算结果与讨论

6.4.1　宏观瞬态流场

图 6.1 所示为入口流量为 1.8 m^3/h，搅拌转速为 50 r/min 的操作条件下管内流场达到近似稳态后的大涡模拟与先前用标准 $k\text{-}\varepsilon$ 模型的流场对比，大涡模拟方法可获得搅拌反应器的瞬态流动特性，而标准 $k\text{-}\varepsilon$ 模型等 RANS 只能得到平均流场，由图可以清楚看出，大涡模拟除了具有平均流动的特性（如流体从叶端排出，遇到管壁后形成上下循环结构）外，还存在众多的小尺度循环结构，这些复杂的小尺度漩涡主要集中在桨叶的射流区，这些与 Revstedt 等[139] 和 Derksen 等[140] 采用不同的大涡模拟方法的研究结果类似。

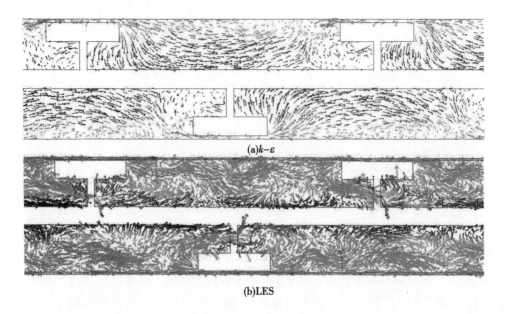

(a)k-ε

(b)LES

图6.1　LES模拟和标准 k-ε 模型模拟的速度比较

为了分析整个反应器内流场，在反应器内选取几个剖面进行分析，轴向剖面和径向剖面如图6.2所示。

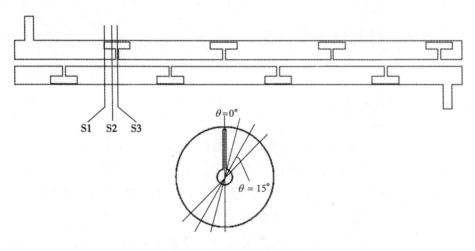

图6.2　不同剖面的示意图

图6.3所示为不同轴向剖面的大涡模拟瞬时速度矢量图，由图中可以看出，在其他区域还存在不断变化的尾涡结构，大涡强度大、范围广，可以波及整个反应器，使得流场表现出明显的不对称性，这种复杂的非稳态流动实现了

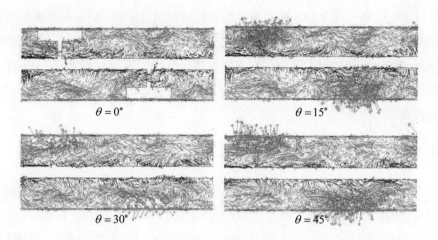

图 6.3　不同轴向剖面的大涡模拟瞬时速度矢量图

该管式搅拌反应器能量的传递和物料的混合，大涡模拟结果对深入理解该过程有很大的启示。

图 6.4 所示为管式反应器侧剖平面的瞬时速度云图，可以看到流体整体沿着搅拌方向的流场中不规则地散布着不同大小的漩涡，使得流场具有不对称性，尤其是在入口处由巨大的射流对搅拌桨和轴的冲击形成的涡更接近实验现象。在桨叶后端的尾涡很明显，而且形状大小不相同，这样的漩涡对于物质交换的描述会更准确。在桨叶叶片的扰动作用下，反应器流体受到大涡的强烈作用，使有些流股得到加强，带动更多流体流向壁面，从而使该搅拌设备起到刮擦壁面的作用。

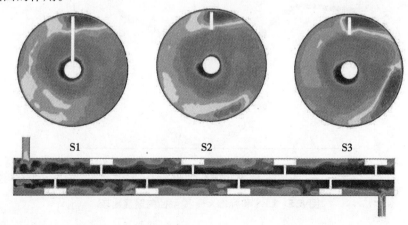

图 6.4　不同轴向剖面的大涡模拟瞬时速度云图

LES 模拟和传统 RANS 模型模拟得到的结果明显不同，k-ε 模型模拟得到的瞬时和时均流场具有明显的对称性，并没有充分考虑大涡的影响，不能准确反映反应器内流动的瞬时流型，也不能模拟出流场的不对称现象[141]，借助全流场的 LES 能提供流场内所有点速度的其他湍流参数随时间的变化情况，预报瞬时流场。

6.4.2 时均速度分布

图 6.5 所示为在管式反应器中心处的 LES 模型模拟和标准 k-ε 模型模拟径向速度比较，对于径向速度而言，在搅拌轴附近，LES 模型的预报值比标准 k-ε 模型的预报值偏高；而在搅拌桨顶端附近较为接近，这点与周国忠等[142]用 LES 模拟搅拌反应器的结果相似，在 LES 模拟中显示了径向速度的不对称性，而用 k-ε 模型得到的径向速度的结果与近似对称。图 6.6 所示为在管内不同位置处（$r=0.01$，0.06，0.09 m）的轴向速度，由图可以看到两种模型的模拟趋势上还是保持一致的，即在沿搅拌桨半径较小的范围内轴向速度分布不是以周期分布的，而在沿搅拌桨半径较大的范围内轴向速度分布呈周期性分布，靠近桨叶顶端处速度值较大，远离桨叶顶端处速度值较小。

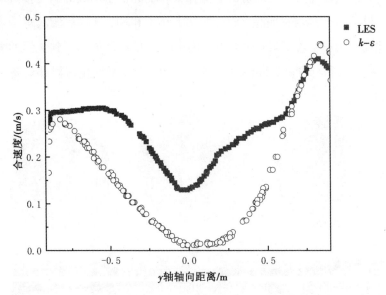

图 6.5 LES 和标准 k-ε 模型径向速度比较

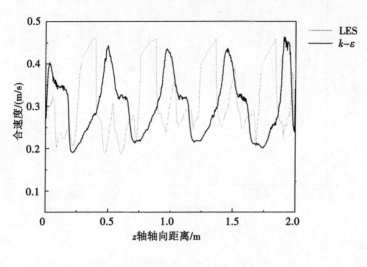

(a) $r = 0.01$ m

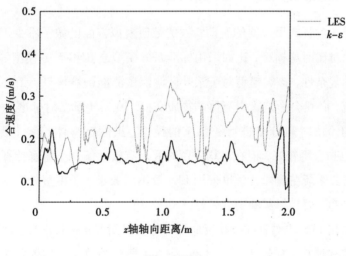

(b) $r = 0.06$ m

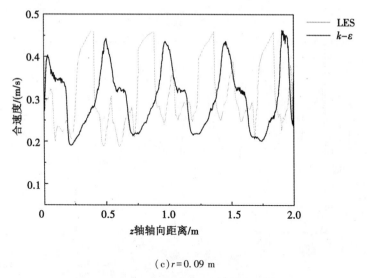

(c) $r = 0.09$ m

图 6.6　LES 和标准 k-ε 模型轴向速度比较

6.4.3　停留时间分布的 LES 数值模拟

　　国内外在对管式反应器的流动特性的数值模拟方面已做了不少工作，但大多数是采用雷诺时均模型，比如采用标准 k-ε 模型或 RNG k-ε 模型等，但由于搅拌设备的复杂性，该类模型对于桨叶区湍流预测准确性偏低，无法准确预测死区或沟流，必然会影响管内流体的物质交换。在第 4 章已对标准 k-ε 模型管式反应器的停留时间分布进行了系统的模拟，虽然在整体趋势上保持一致，RTD 曲线也吻合得较好，但在平均停留时间上有较大偏差。随着计算机技术的发展，研究者逐渐在搅拌设备里采用 LES 及不同的亚格子模型分析三维速度及能量耗散分布，而且与实验吻合较好。

　　本章采用 LES 法对管式搅拌反应器的停留时间分布进行模拟，在本章模拟中采用单管式搅拌反应器为研究对象，表 6.1 所列为单管平均停留时间和方差的 LES 模拟值与实验值比较，在平均停留时间的模拟上较第 4 章所使用的标准 k-ε 模型有所改善，平均相对误差在 15% 左右，甚至有些在 5% 以内，相比标准 k-ε 模型误差降低了 5%；在方差的模拟方面，通过模拟结果与实验值的比较，在低速搅拌时的相对误差较大，达到 40% 以上，但在搅拌转速较高（比如 250 r/min）时，两者的相对误差在 5% 以内，这表明 LES 可以有效解决该管式搅拌反应器内部的物质交换问题，模拟得到的平均停留时间更趋于实验值，在模拟高速搅拌的条件下，LES 对反应器的流型比标准 k-ε 模型更为准确。

表 6.1　单管平均停留时间和方差的模拟值与实验值比较

流量 Q /(m^3/h)	转速 N /(r/min)	平均停留时间 $\bar{t}$			方差 σ^2		
		LES/s	实验/s	相对误差	LES	实验	相对误差
1.8	50	110.67	180.41	38.89%	0.138	0.079	42.34%
1.8	150	117.99	164.33	28.05%	0.137	0.183	33.58%
1.8	250	124.01	119.46	4.21%	0.183	0.189	3.28%
2.4	50	90.33	90.40	0.08%	0.127	0.051	59.84%
2.4	150	106.28	113.14	2.41%	0.128	0.099	22.66%
2.4	250	130.56	109.97	18.83%	0.142	0.145	2.11%

6.4.4　混合时间的 LES 数值模拟

　　搅拌反应器的真实流动属于许多大涡旋宏观非稳态的运动，物质交换在涡与涡之间进行，基于 RANS 的标准 k-ε 模型对这种现象不能完全描述，该模型对桨叶区域的有效黏度的值预报偏低，于是无法准确描述叶片之间各个混合子域的物质交换，所以预报的混合时间远大于实验值。LES 模拟则可获得微观尺度上的涡旋信息，越来越多的研究开始关注微观混合的 LES 模拟。

　　本章在对管式搅拌反应器进行流场大涡模拟的基础上，对单管反应器的混合时间进行了数值模拟。表 6.2 为单管混合时间的模拟值与实验值比较，虽然模拟值还是比实验值偏高，但相对于标准 k-ε 模型已经有了很大改进，平均相对误差在 23% 左右，比标准 k-ε 模型的相对误差降低了 13%。说明 LES 比标准 k-ε 模型在混合时间的模拟精度上有所提高，LES 能更有效地捕捉反应器内漩涡的信息，对反应器混合物及物质的交换给出更准确的预报。

表 6.2　混合时间的实验值与模拟值比较

转速 N/(r/min)	混合时间 t_m		
	实验值/s	模拟值/s	相对误差
50	1580	1740	9.2%
100	630	900	30%
150	560	690	18.84%
200	380	590	35.59%
250	300	530	43.4%
300	410	490	16.33%

表6.2(续)

转速 $N/(\text{r}/\min)$	混合时间 t_{m}		
	实验值/s	模拟值/s	相对误差
350	420	460	8.7%

6.5　本章小结

采用 LES 湍流计算方法和 SM 来处理搅拌桨区域，模拟了管式搅拌反应器内的流场及浓度场分布，得到以下结论。

① 通过用 LES 模拟表明，管式搅拌反应器内的流动是非稳态的，具有不对称性，通过不同截面速度场与标准 $k\text{-}\varepsilon$ 模型模拟的结果进行对比，LES 方法比传统 RANS 对涡流的预报准确性有明显提高，尤其是对桨叶背面的预报。

② 采用 LES 分别对管式搅拌反应器内的停留时间分布和混合时间进行模拟，LES 的结果与实验结果吻合良好，与标准 $k\text{-}\varepsilon$ 模型相比，平均停留时间和混合时间的平均相对误差分别降低了 5% 和 13%。

第7章 管式搅拌反应器固液两相流的 数值模拟

目前对搅拌反应器中两相运动行为的信息如局部速度、能量耗散等了解得不是很多，两相流体问题远比单相流体复杂，两相流体既有连续性质的流体，又有离散性质的颗粒，这些离散颗粒弥散地分布在流体中。研究两相流体流动的主要困难在于相之间的相互作用以及每一相的运动等，近年来，随着数值计算和计算机科学的发展，两相流体力学模型得到了长足的发展，取得了显著的成绩[79]。

本章所研究的管式搅拌反应器的流场较为复杂，通过前几章对该反应器的一些实验和模拟的研究表明，数值模拟是获得固液搅拌反应器内流场及浓度场的一个重要手段，本章将尝试着对管式搅拌反应器内的小粒径的固液流场进行初步研究，试图得到两相流场的速度分布、浓度分布等，为今后对该反应器做更深一步的固液两相流研究打下良好的基础。

7.1 计算体系

7.1.1 计算域

模拟对象及相关尺寸与单管式反应器一致，如图 7.1 所示，反应器尺寸及搅拌桨结构在前几章均有介绍，这里不再作说明。

利用与 FLUENT 接口比较好的前处理器 Gambit 建立模型并生成网络，采用四面体的非结构化网格进行划分，对桨叶旋转部分和静止部分分别划分网格，并对桨叶附近进行加密处理，共计 1649778 个单元，反应器的网格划分如图7.2 所示。

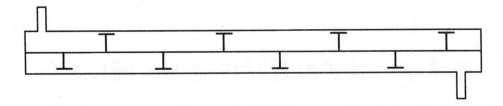

图 7.1　单管反应器示意图

图 7.2　管式搅拌反应器网格示意图

在计算物系的选择中，本章采用的是玻璃珠-水两相体系，水的密度为 1000 kg/m^3，颗粒的平均直径为 0.1 mm，密度为 2500 kg/m^3，在固相体积分数为 2% 和 7.5% 的两种物系条件下做计算，在搅拌转速分别为 25，50，150，250，350 r/min 的条件下进行模拟。

7.1.2　固液两相湍流模型

本章计算液相湍流模型采用 $k\text{-}\varepsilon$ 模型，该模型已成功模拟了许多复杂的流动问题，在搅拌反应器的数值模拟中得到了广泛的应用。

层流域的动量守恒方程（N-S 方程）为

$$\frac{\partial(\rho u_i u_j)}{\partial x_i} = \frac{\partial}{\partial x_i}\left[\mu\left(\frac{\partial u_i}{\partial x_j}+\frac{\partial u_j}{\partial x_i}\right)\right] - \frac{\partial \rho}{\partial x_j}+\rho g_j+F_j \tag{7.1}$$

湍流域的动量守恒方程为

$$\frac{\partial(\rho u_i u_j)}{\partial x_i} = \frac{\partial}{\partial x_i}\left[\mu\left(\frac{\partial u_i}{\partial x_j}+\frac{\partial u_j}{\partial x_i}\right)\right] - \frac{\partial \rho}{\partial x_j}+\rho g_j+F_j+\frac{\overline{\partial \rho u_i' u_j'}}{\partial x_i} \tag{7.2}$$

增加的一项是雷诺应力张量，处理这一项的湍流数学模型采用两方程的标准 $k\text{-}\varepsilon$ 模型中湍流动能 k 和湍流动能耗散率 ε 的传递方程为

$$\rho\,\frac{\partial k}{\partial t} = \frac{\partial}{\partial x_i}\left[\left(\mu+\frac{\mu_t}{\sigma_k}\right)\frac{\partial k}{\partial x_i}\right]+G_k-\rho\varepsilon \tag{7.3}$$

$$\rho \frac{\partial \varepsilon}{\partial t} = \frac{\partial}{\partial x_i} \left[\left(\mu + \frac{\mu_t}{\sigma_\varepsilon} \right) \frac{\partial \varepsilon}{\partial x_i} \right] + c_1 G_k - c_2 \rho \frac{\varepsilon^2}{k} \tag{7.4}$$

$$G_k = -\rho \overline{u_i' u_j'} \frac{\partial u_j}{\partial x_i} \tag{7.5}$$

$$\mu_t = \rho c_\mu \frac{k^2}{\varepsilon} \tag{7.6}$$

模型参数值：$c_1 = 1.44$，$c_2 = 1.92$，$c_\mu = 0.09$，$\sigma_k = 1.0$，$\sigma_\varepsilon = 1.3$。

7.2　边界条件及数值解法

使用商用 CFD 软件 FLUENT 6.3 的有限体积法来求解离散方程，用欧拉模型对管式搅拌反应器的固液体系进行数值模拟，对近壁区域流动计算的处理采用标准壁面函数法。相间阻力系数的计算使用 Wen-Yu 模型，使用多重参考系法（MRF）来处理桨叶的旋转区域，流体流动为定常流动，控制方程的传送项采用压力-速度耦合的 SIMPLE 算法，离散格式采用二阶迎风，所有项的残差收敛标准均采用 10^{-4}。

7.3　计算结果与讨论

在搅拌转速分别 25，50，150，250，350 r/min 的条件下，其对应的雷诺数均在 10^6 以上，均为完全湍流状态。

7.3.1　宏观速度场

图 7.3 为转速为 150 r/min 时 CFD 模拟的轴向截面和径向中心截面的速度场比较，其中（a）为固液两相流液相速度场，（b）为单相流液相速度场，两种条件下的流场在趋势上相近，但细节上还是有些不同，由固液两相流可以看出：流体均从桨叶端射出，而且远离叶片端还有多个小循环出现，反应器器壁处速度的分布也不均匀，桨叶在带着固相搅拌时在叶片顶端产生较大的流速；而单相流中只有绕着搅拌轴方向的环向流动，且分布较为均匀，没有很好的扰动作用。从速度大小来看，两相流获得的最大速度 1.58 m/s，其预报值比单相流的 1.46 m/s 稍高。

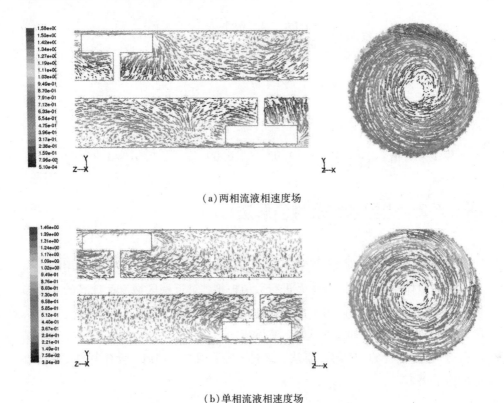

(a)两相流液相速度场

(b)单相流液相速度场

图 7.3　两相流速度场与单相流速度场的比较

7.3.2　宏观浓度场

　　图 7.4 所示为不同转速时 CFD 模拟的轴向部分截面和径向中心截面固体体积分数分布图，由图可以看到不同转速下的固相颗粒分布情况，低速搅拌时，大部分固体还滞留在反应器底部，随着搅拌转速的增加，由于桨叶对固相的带动作用，固相颗粒被搅拌叶片带起，固相颗粒主要集中在搅拌桨附近，搅拌轴附近所含固相较少；当搅拌转速继续增大时，固相颗粒逐渐分散到反应器其他区域，但整体分布趋势是搅拌轴附近固体颗粒浓度较低，在桨叶顶端反应器器壁区域固体颗粒浓度较大。

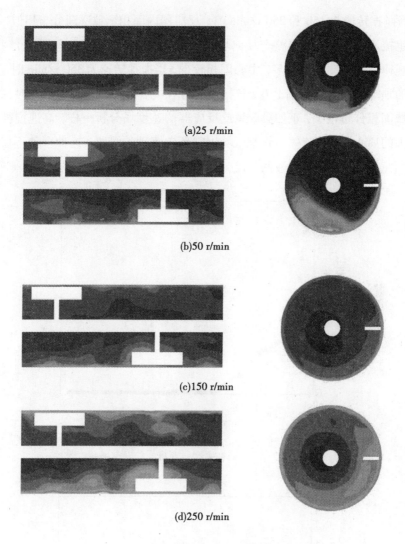

(a)25 r/min

(b)50 r/min

(c)150 r/min

(d)250 r/min

图 7.4　不同转速下的固相浓度场分布

7.3.3　径向浓度分布

图 7.5 所示为在固体浓度 $C_v = 2\%$ 体系的不同搅拌转速下反应器中心处径向的固相体积分数，当转速为 25 r/min 时，由于搅拌转速较小，只有部分固相颗粒被带起，搅拌轴中心以上区域没有固相存在；当搅拌转速为 50 r/min 时，底部固相颗粒已经被搅拌桨的叶片带起，固相由搅拌桨两端向中心处慢慢扩

散；当搅拌转速为 150 和 250 r/min 时，反应器内固相颗粒逐渐分布相似，且分布值也接近，此时反应器整个径向均有固相分布，已大致达到颗粒悬浮状态，分布规律还是两端固相较多，中心固相较少；当搅拌转速为 350 r/min 时，在反应器的顶端固相颗粒急剧上升，该区域正好在搅拌叶片附近，而且此时在搅拌轴区域固相分布很少，正如第 3 章此反应器的速度场分析一样，高速搅拌会产生很大的离心力，使流体在管壁区域出现环向流动的滞留，这种现象不仅影响了单相流场，还影响了固液两相流，这将会严重影响固液两相的混合。

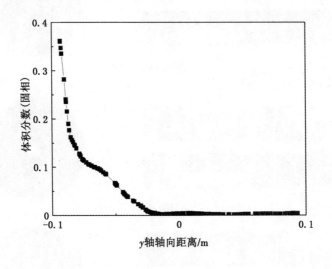

（a）转速 = 25 r/min

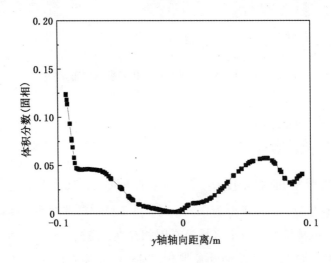

（b）转速 = 50 r/min

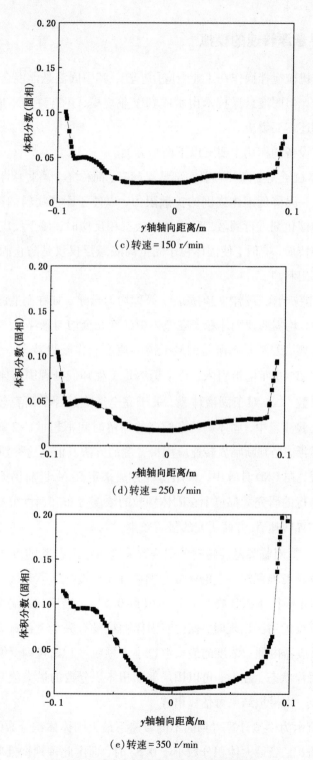

（c）转速 = 150 r/min

（d）转速 = 250 r/min

（e）转速 = 350 r/min

图 7.5　不同转速下径向的固相体积分数

7.3.4 临界悬浮转速的模拟

固液体系机械搅拌操作在工业上应用广泛，其中固液悬浮混合技术是最常见的操作技术。但固液悬浮技术由实验到工业规模，还有许多不成熟的地方，许多技术问题还需要解决。

固液搅拌设备的作用主要有以下两个方面。

① 使固体粒子完全离开容器底部悬浮起来，简称完全离底悬浮。完全离底悬浮的作用之一是降低固体周围的扩散阻力，以便于固体物料的溶解或结晶，以及在用固体催化剂进行固液二相或气固液三相反应时，便于反应物料与催化剂之间接触和传质；有时，使固体粒子完全离底悬浮仅仅是防止固体粒子在槽底堆积而堵塞出料口。

② 使固体粒子在容器内均匀悬浮，简称均匀悬浮。如在制造涂料、油墨和化妆品工业中，均需要使固体粒子在液体中达到完全均匀悬浮。

达到完全离底悬浮状态所需的最低搅拌速度叫作临界转速 N_{js}。临界转速 N_{js} 的概念大约在 40 年前被引入，至今仍然是工程师们处理固液体系问题的最主要的设计参数[143]。对于固液体系，关于完全离底悬浮的研究较多，在不少临界转速的实验测量中，固体颗粒在槽底的停留时间不超过 $1 \sim 2 \text{ s}$ 则认为达到了完全离底悬浮，是判断临界转速应用最普遍的方法。但是这种判据在 CFD 方法中很难实现，在 CFD 计算中，采用何种方法来定义 N_{js} 目前仍无定论。目前研究者们所进行的研究大都集中在固体颗粒的浓度分布和速度分布上，关于完全离底悬浮临界转速 N_{js} 方面研究的报道较少。

按照钟丽[144]对临界悬浮转速的研究，采取的浓度判断的方法与文献值比较接近。固体颗粒堆积在一起的密度为颗粒堆积密度，单层球状固体颗粒堆积在一起时，固体颗粒体积分数不小于 $\pi/6$（约 0.52）。当反应器局部颗粒浓度高于颗粒堆积密度的情况出现时，就说明固体颗粒没有完全悬浮起来，在局部发生堆积；当反应器内颗粒浓度的最大值也小于颗粒堆积密度时，说明达到固体颗粒的完全悬浮状态。由此，可以用局部固相体积分数的最大值来作为完全离底悬浮的判据，由模拟结果可估算出 N_{js}。

图 7.6 所示为模拟计算得到的不同转速下最大固体体积分数的曲线，由图中曲线可以看出，当最大体积分数小于 0.52 时，即由此种判据推断在固体浓度

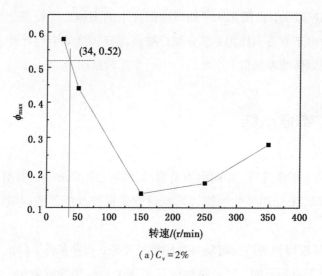

（a）$C_v = 2\%$

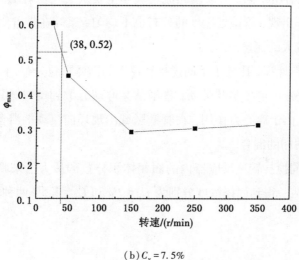

（b）$C_v = 7.5\%$

图 7.6　不同转速下的最大固相体积分数

$C_v = 2\%$ 体系下的颗粒临界悬浮转速 N_{js} 在 34 r/min 左右，在 $C_v = 7.5\%$ 体系下的颗粒临界悬浮转速 N_{js} 在 38 r/min 左右，即搅拌转速分别大于 34 r/min 和 38 r/min 时，反应器内颗粒处于完全悬浮状态。因为该反应器的搅拌过程中叶片离管壁较近，叶片对颗粒有直接的接触带动作用，这两个体系下的颗粒临界悬浮转速比较接近，而且速度值都不大，这种对临界悬浮转速的模拟方法对工业应用有很好的指导意义。但是由图中还可以发现，当转速在 350 r/min 时，反应器内的固体最大体积分数有上升趋势，尤其是在固体颗粒较小的 $C_v = 2\%$

体系，上升幅度较大，由图7.4可知高速搅拌下的固体浓度较高处均在管壁附近，这是因为由于离心力作用，部分颗粒被高速旋转流体带到叶片顶端处持续做环向流动，固体浓度越低，这种离心力的作用就越明显。

7.4 本章小结

采用欧拉多相流模型，相间阻力系数的计算使用 Wen-Yu 模型，使用多重参考系法(MRF)来处理桨叶的旋转区域对管式搅拌反应器的固液体系进行数值模拟。

① 通过模拟得到的两相流场与单相流场比较，两种条件下的流场在趋势上相近，但细节上有所不同，固液两相流场流体主要从桨叶端射出，远离叶片端还有多个小循环出现，管壁处速度的分布也不均匀，桨叶在带着固相搅拌时在叶片顶端产生较大的流速。

② 通过模拟计算，比较了不同搅拌转速下的固体颗粒分布，随着搅拌转速的增加，固相颗粒由搅拌桨叶带动，逐渐从桨叶端分散到反应器其他区域，但在高速搅拌时，由于离心力作用，在管壁区域出现环向流动的滞留，从而影响反应器内固液两相的混合。

③ 采用不同搅拌转速反应器内的固相体积分数的最大值来判断固体颗粒临界悬浮转速 N_{js}，得到固体浓度分别为 $C_v = 2\%$ 和 $C_v = 7.5\%$ 两种体系 N_{js} 均在 35 r/min 左右。

第8章 浇注搅拌机 CFD 数值模拟应用

浇注搅拌机是生产加气混凝土的主要设备之一。它的作用是把各种配料在限定的时间内搅拌成均匀的料浆进行浇注。因此它的搅拌效果如何，不仅影响料浆的发气率，还影响坯体强度的均匀性和生产效率。

本章研究以浇注搅拌机为例，由于搅拌机内部流体流动较为复杂，为了提高新型搅拌桨叶对搅拌机内流场影响的预测和理解，本书研究利用计算流体力学（CFD）方法，对搅拌机的性能进行预判，从而对生产实际的工艺参数和搅拌机的改进设计提供理论支撑和科学依据。

8.1 计算域

本章研究考查了两种不同规格的搅拌机：一种是单桨搅拌机，一种是带导流筒的双桨搅拌机。根据实际的物理模型，等尺寸建立几何模拟，对一些无关的连接件结构作一些简化处理，并分成三个区域，即带导流筒的双桨搅拌机中气相区域、液相区域、搅拌区域，如图 8.1 所示。应用 ICEM CFD 模块进行网格划分，网格数量为 9.5 万个，并对搅拌桨叶及搅拌区域进行了加密处理。

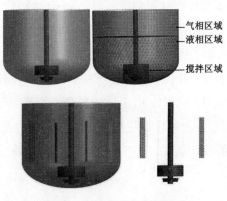

图 8.1 几何模型及网格划分

8.2　数值解法及边界条件

使用软件 FLUENT 来求解离散方程，用 k-ε 模型计算湍流性能，用欧拉模型对搅拌机内的气液体系进行数值模拟，采用标准壁面函数法处理近壁区域，使用滑移网格法来处理桨叶的旋转区域。离散格式采用二阶迎风格式，所有变量的收敛标准设置为残差小于 10^{-3}。边界类型设置为壁面边界，搅拌机内壁定义为静止壁面边界条件，自由液面定义为对称边界条件。为了节约计算时间，前期模拟选用物料为水和空气，来观察搅拌流动特性，后期将水换成条件更加复杂的加气混凝土原料，搅拌转速为生产实际中的常规转速 690 r/min。

8.3　结果与讨论

8.3.1　单层桨搅拌效果分析

单层桨旋转 20 s 时刻速度矢量图与水相体积分数云图如图 8.2 所示。

单层桨搅拌速度为 990 r/min。从图 8.2 中可以看出（注：图中左侧的显示条，左边从 0 到 1 表示云图中液态所占的比例，右边 0 到 20 表示箭头速度大小，下同），不同的旋转方向，容器内速度矢量形成的漩涡有所不同，反转时漩涡中心靠近壁面，正转时接近轴与壁面中心。速度矢量的方向也有所不同，从交界面角度观察，反向旋转流体从壁面向轴心方向运动，正向旋转流体从轴心向壁面方向运动。从水相体积分布趋势看出，反向旋转时气液两相混合由轴心位置开始，正向旋转时气相和液相混合由壁面附近开始。即反向旋转由壁面向轴心翻浆，正向旋转由轴心向外翻浆。

从图 8.3 中可以看出，带挡板的搅拌槽中，挡板能够对已经形成的漩涡进行干扰。不带挡板的搅拌过程中，由于转速较高，外部空气会进入液相中，降低液相的混合效果。在器壁附近安装挡板后，搅拌机内部的径向环流受到破坏，同时增加了流体的剪切强度，进一步改善了搅拌效果。

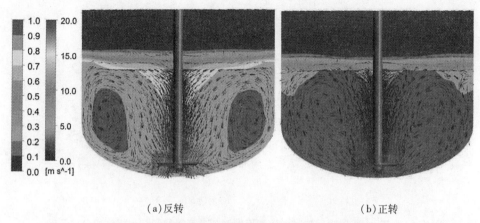

（a）反转　　　　　　　　　　　　　　（b）正转

图 8.2　20 s 时刻速度矢量图与水相体积分数云图

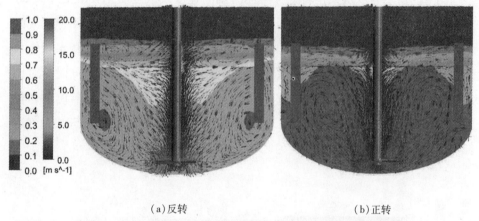

（a）反转　　　　　　　　　　　　　　（b）正转

图 8.3　带挡板搅拌槽 20 s 时刻速度矢量图与水相体积分数云图

8.3.2　搅拌槽(5.7 m³) 双层桨搅拌效果分析

图 8.4 所示为双层桨反转搅拌不同时刻的速度及浓度变化。由图 8.4(a) 与图 8.2(a) 对比发现，相同时刻(20 s)时，双层桨搅拌会在搅拌槽内形成更大的环流，流体流动方向从交界面角度观察，从四周壁面向轴心方向收敛，与单层桨搅拌形成的流场方向一致。从水相体积分数云图观察，双层桨较单层桨搅拌混合效果更好。反向旋转不同时刻对比发现，50 s 时刻，搅拌槽内形成较为稳定的流场，反应器内混合程度较高，在轴心位置存在混合不均匀区域。100 s 时刻，搅拌槽内流场与 50 s 时刻近似一致，反应器内流体均匀混合。

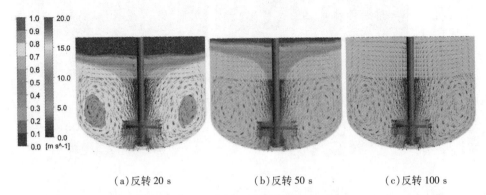

(a)反转 20 s　　　　　　　　(b)反转 50 s　　　　　　　　(c)反转 100 s

图 8.4　5.7 m³ 双层桨反转时搅拌槽不同时刻速度矢量图与水相体积分数云图

图 8.5 所示为双层桨正转搅拌不同时刻的速度及浓度变化。由图 8.5(a)
与图 8.2(b)对比发现，相同时刻(20 s)时，流动方向从交界面角度观察，流体
从轴心向四周壁面方向发散，与单层桨搅拌形成的流场方向一致。从水相体积
分数云图观察，双层桨较之单层桨搅拌混合效果更好。正向旋转不同时刻对比
发现，50 s 时，搅拌槽内近似形成四个涡流，流场趋于稳定，反应器内混合较
好，在轴心位置存在混合不均匀区域。100 s 时刻，搅拌槽内流场与 50 s 时刻近
似一致，反应器内流体混合不均匀区域依然存在于轴心附近。

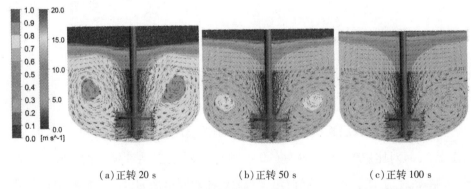

(a)正转 20 s　　　　　　　　(b)正转 50 s　　　　　　　　(c)正转 100 s

图 8.5　5.7 m³ 双层桨正转时搅拌槽不同时刻速度矢量图与水相体积分数云图

图 8.6 所示为带挡板双层桨反转搅拌不同时刻的速度及浓度变化。由图
8.6(a)与图 8.3(a)对比发现，相同时刻(20 s)时，涡流的方向与带挡板搅拌槽
单层桨旋转时方向一致，双层桨搅拌效果优于单层桨，流体搅拌较为均匀。由

图 8.6 与图 8.3 对比可知,在壁面附近增加挡板,能破坏已形成的涡流,加速均匀混合。不同时刻对比可知,50 s 时刻,轴心附近存在混合不均匀区域。100 s 时刻,搅拌槽内流体混合均匀,观察速度矢量图可知,挡板可以消除漩涡,改善主体循环,增大湍动程度,改善搅拌效果。

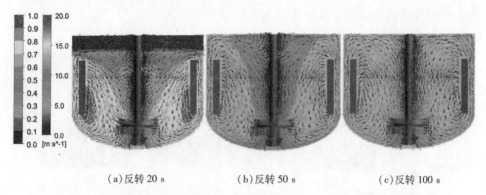

(a)反转 20 s　　　　　(b)反转 50 s　　　　　(c)反转 100 s

图 8.6　5.7 m³ 带挡板双层桨反转时搅拌槽不同时刻速度矢量图与水相体积分数云图

图 8.7 所示为带挡板双层桨正转搅拌不同时刻的速度及浓度变化。由图 8.7(a)与图 8.3(b)对比发现,相同时刻(20 s)时,双层桨搅拌混合效果更好。与图 8.4(a)对比,带挡板混合效果更好。与图 8.6(a)对比,正转搅拌效果更好。由不同时刻对比可知,随着时间的增加,反应器内流场更为稳定,混合更加均匀。

从流场和浓度场结果分析,双层桨搅拌优于单层桨,加挡板搅拌优于无挡板,正向旋转搅拌优于反向旋转搅拌。

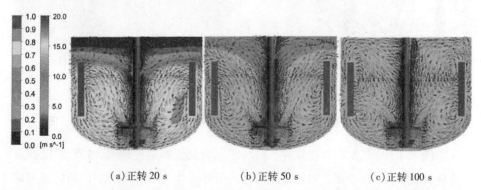

(a)正转 20 s　　　　　(b)正转 50 s　　　　　(c)正转 100 s

图 8.7　5.7 m³ 带挡板双层桨正转时搅拌槽不同时刻速度矢量图与水相体积分数云图

8.3.3 搅拌槽(4.5 m³)双层桨搅拌效果分析

由图8.8与图8.4对比可知，反转时，不同容积的搅拌槽内相同的搅拌速度下，搅拌槽内流体流动形成的涡流近似一致，流场较为稳定，对比浓度场，4.5 m³搅拌槽内流体混合效果优于5.7 m³搅拌槽情况。

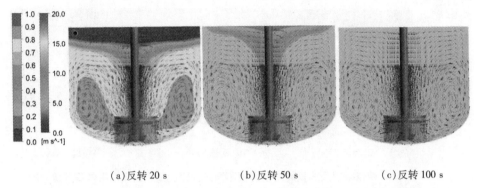

（a）反转 20 s   （b）反转 50 s   （c）反转 100 s

图8.8　4.5 m³双层桨反转时搅拌槽不同时刻速度矢量图与水相体积分数云图

由图8.9与图8.5对比可知，正转时，不同容积的搅拌槽内相同的搅拌速度下，搅拌槽内流体流动形成的涡流近似一致，都为四个涡流，流场较为稳定，对比浓度场，4.5 m³搅拌槽内流体混合效果优于5.7 m³搅拌槽情况。

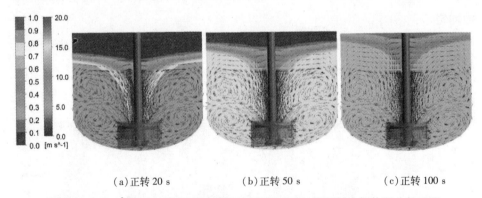

（a）正转 20 s   （b）正转 50 s   （c）正转 100 s

图8.9　4.5 m³双层桨正转时搅拌槽不同时刻速度矢量图与水相体积分数云图

由图8.10与图8.6对比发现，流场不同时刻近似程度较高，4.5 m³搅拌效果更优。图8.10与图8.8对比，加挡板后流场发生了一些变化，挡板能够破坏已形成的漩涡，强化搅拌作用，加挡板混合效果更优。

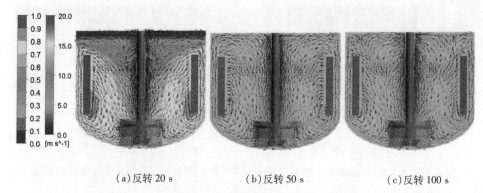

（a）反转 20 s　　　　　（b）反转 50 s　　　　　（c）反转 100 s

图 8.10　4.5 m³ 带挡板双层桨反转时搅拌槽不同时刻速度矢量图与水相体积分数云图

　　由图 8.11 与图 8.7 对比可知，流场不同时刻近似程度较高，4.5 m³ 搅拌效果更优。图 8.11 与图 8.9 对比，加挡板后流场发生了一些变化，混合效果更优。

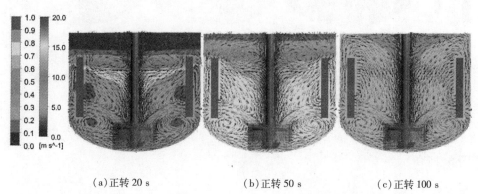

（a）正转 20 s　　　　　（b）正转 50 s　　　　　（c）正转 100 s

图 8.11　4.5 m³ 带挡板双层桨正转时搅拌槽不同时刻速度矢量图与水相体积分数云图

8.3.4　搅拌槽(5.7 m³)不同黏度及密度情况下搅拌效果分析

（1）B04 工况

　　密度 1036.11 kg/m³，扩散度 30~34 cm，反转时如图 8.12 所示，正转时如图 8.13 所示。

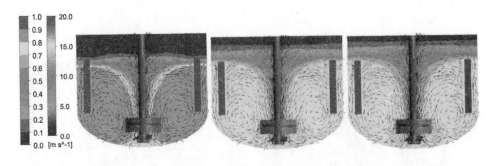

（a）带挡板反转 20 s　　　　（b）带挡板反转 50 s　　　　（c）带挡板反转 100 s

图 8.12　5.7 m³搅拌槽 B04 工况下反转时不同时刻速度矢量图与水相体积分数云图

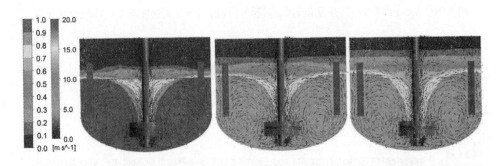

（a）带挡板正转 20 s　　　　（b）带挡板正转 50 s　　　　（c）带挡板正转 100 s

图 8.13　5.7 m³搅拌槽 B04 工况下正转时不同时刻速度矢量图与水相体积分数云图

（2）B05 工况

密度 1058.03 kg/m³，扩散度 28~32 cm，反转时如图 8.14 所示，正转时如图 8.15 所示。

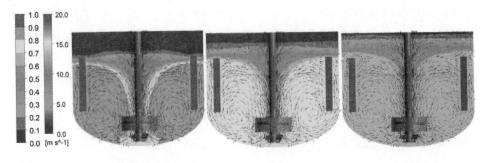

（a）带挡板反转 20 s　　　　（b）带挡板反转 50 s　　　　（c）带挡板反转 100 s

图 8.14　5.7 m³搅拌槽 B05 工况下反转时不同时刻速度矢量图与水相体积分数云图

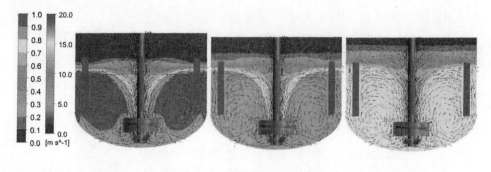

(a) 带挡板正转 20 s   (b) 带挡板正转 50 s   (c) 带挡板正转 100 s

图 8.15   5.7 m³ 搅拌槽 B05 工况下正转时不同时刻速度矢量图与水相体积分数云图

（3）B06 工况

密度 1080.91 kg/m³，扩散度 26~30 cm，反转时如图 8.16 所示，正转时如图 8.17 所示。

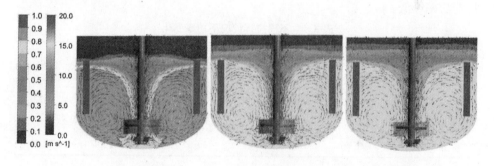

(a) 带挡板反转 20 s   (b) 带挡板反转 50 s   (c) 带挡板反转 100 s

图 8.16   5.7 m³ 搅拌槽 B06 工况下反转时不同时刻速度矢量图与水相体积分数云图

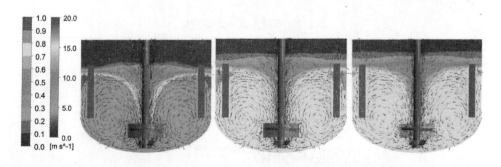

(a) 带挡板正转 20 s   (b) 带挡板正转 50 s   (c) 带挡板正转 100 s

图 8.17   5.7 m³ 搅拌槽 B06 工况下正转时不同时刻速度矢量图与水相体积分数云图

由对比可知：

B04、B05、B06 工况与纯水情况相比，浓度分布及速度矢量差别较大，纯水情况搅拌形成较大漩涡，搅拌更均匀。

B04、B05、B06 工况反转浓度分布及速度矢量基本保持一致，只是在 100 s 时刻下浓度分布有区别，密度与黏度越大，物料携带空气量越大。

B04、B05、B06 工况正转速度矢量基本保持一致，在 20 s 时刻浓度分布差别较大，密度与黏度越大，物料携带空气量越大，混合越均匀。

B04、B05、B06 工况正转搅拌效果优于反转。

8.3.5　功率特性分析

由表 8.1 可知，5.7 m^3 体积的搅拌槽所求得的功率低于 4.5 m^3 体积搅拌槽，4.5 m^3 体积无挡板正向旋转时功率最高，5.7 m^3 体积有挡板正向旋转时所耗费功率最低。

表 8.1　不同搅拌情况下功率变化

	5.7 m^3				4.5 m^3			
	无挡板		有挡板		无挡板		有挡板	
转速 (r/min)	690 （正）	−690 （反）	690 （正）	−690 （反）	690 （正）	−690 （反）	690 （正）	−690 （反）
功率/kW	28.74	27.56	26.23	27.23	30.92	29.19	29.04	30.39

由表 8.2 可知，当改变密度和黏度时，对功率有影响，尤其是黏度对功率的影响较大，黏度越大，功率越大。同时，同等条件下，正转的功率相比反转的功率要大 20% 多。

表 8.2　不同工况下功率变化

	B04		B05		B06	
转速/(r/min)	690（正）	−690（反）	690（正）	−690（反）	690（正）	−690（反）
功率/kW	46.14	36.87	51.13	43.47	54.82	48.09

8.4　搅拌机的结构优化

为进一步考察结构变化对搅拌效果的影响，针对三种不同桨型的搅拌效果进行了模拟研究，具体桨型如图 8.18 所示。

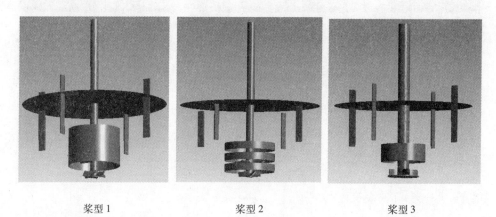

桨型 1　　　　　　　桨型 2　　　　　　　桨型 3

图 8.18　三种不同的桨型

8.4.1　考察三种桨型不同时刻搅拌效果

① 考察了 1 s 时刻各种桨型对比结果，其压力、速度、浓度对比如图 8.19 ~图 8.21 所示。

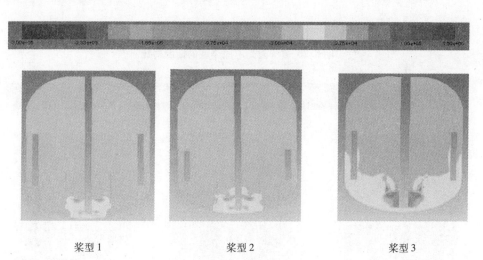

桨型 1　　　　　　　桨型 2　　　　　　　桨型 3

图 8.19　1 s 时刻不同桨型的压力对比

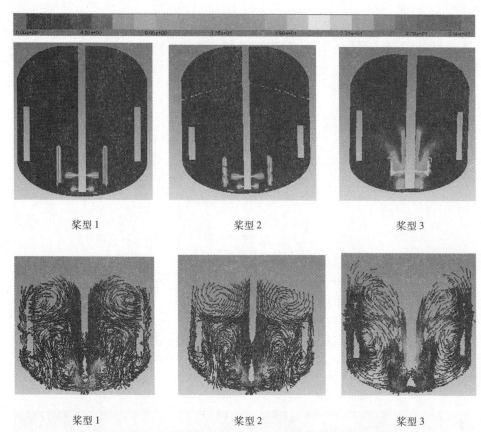

图 8.20　1 s 时刻不同桨型的速度对比

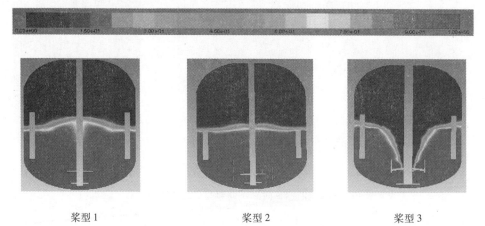

图 8.21　1 s 时刻不同桨型的浓度对比

② 考察了 2 s 时刻各种桨型对比结果，其压力、速度、浓度对比如图 8.22 ~图 8.24 所示。

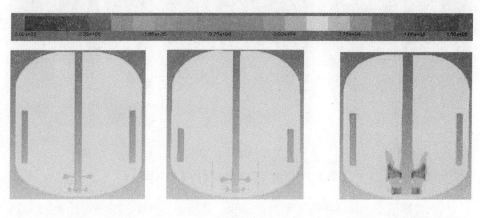

桨型 1　　　　　　　　　桨型 2　　　　　　　　　桨型 3

图 8.22　2 s 时刻不同桨型的压力对比

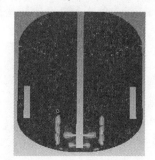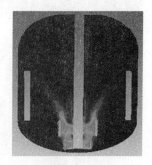

桨型 1　　　　　　　　　桨型 2　　　　　　　　　桨型 3

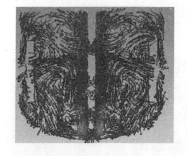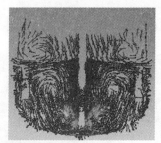

桨型 1　　　　　　　　　桨型 2　　　　　　　　　桨型 3

图 8.23　2 s 时刻不同桨型的速度对比

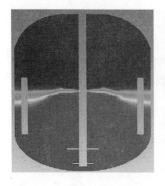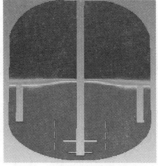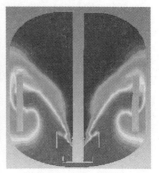

桨型 1   桨型 2   桨型 3

图 8. 24　2 s 时刻不同桨型的浓度对比

③ 考察了 5 s 时刻各种桨型对比结果，其压力、速度、浓度对比如图 8. 25 ~图 8. 27 所示。

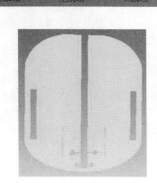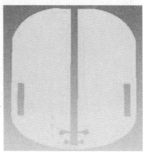

桨型 1   桨型 2   桨型 3

图 8. 25　5 s 时刻不同桨型的压力对比

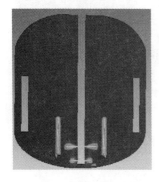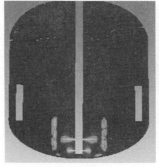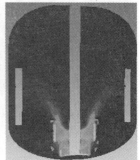

桨型 1   桨型 2   桨型 3

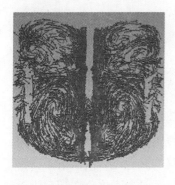

浆型 1　　　　　　　　　浆型 2　　　　　　　　　浆型 3

图 8.26　5 s 时刻不同浆型的速度对比

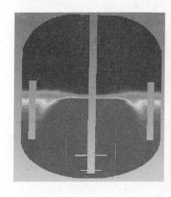
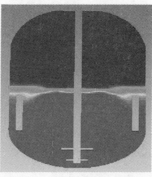

浆型 1　　　　　　　　　浆型 2　　　　　　　　　浆型 3

图 8.27　5 s 时刻不同浆型的浓度对比

8.4.2　考察三种浆型对应的功率

由表 8.3 不同搅拌桨的功率对比可知,浆型 1 与浆型 2 搅拌消耗功率相差不大,浆型 3 搅拌功率明显高于前两种,采用浆型 3 会提高生产成本。

表 8.3　不同搅拌结构下功率变化

浆型	浆型 1	浆型 2	浆型 3
功率/kW	35.18	35.95	129.76

8.4.3 考察三种桨型对应的均混时间

混合时间是研究搅拌反应器的重要参数之一，数值模拟的具体处理方法是确定示踪剂的加入区域，选择柱体为加料区 A，柱体半径为 0.2 m，然后把示踪剂在加料区内的初始浓度设为 1，其他区域的初始浓度设为 0。在获得稳定的流场以后再加入示踪剂，并假定示踪剂的加入速度与所在区域内流场的速度相同，以便消除示踪剂的加入对局部流动的影响。示踪剂混合过程的求解是在稳态流场计算结果的基础上进行的，即先进行稳态流场的计算，将稳态计算收敛后的结果作为初始值，再用滑移网格法进行非稳态计算，此时速度、湍流参数等的输运方程被自动锁定，只需计算示踪剂浓度的输运方程，这样可以加速收敛，提高求解效率，从而节省了大量的计算时间。而且研究表明，该法所得的混合时间模拟结果与同时联立求解所有方程所获得的结果相差很小，可以忽略。计算完成后即可得到示踪剂的浓度随时间的变化过程，根据 95% 的原则，可以计算得到混合时间，并比较监测点 a1、a2、a3、a4 的结果，如图 8.28 所示。

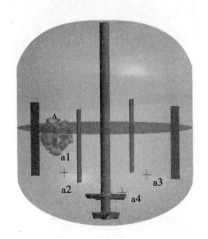

图 8.28 加料区及监测点位置

模拟得到不同桨型下各个监测点示踪剂的浓度变化情况如图 8.29 所示。

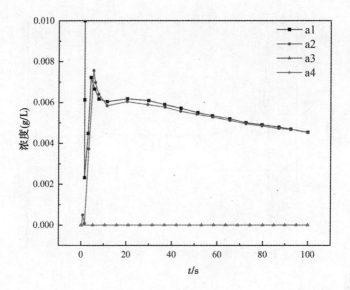

（a）桨型 1 均混时间

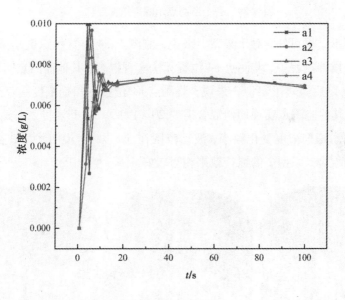

（b）桨型 2 均混时间

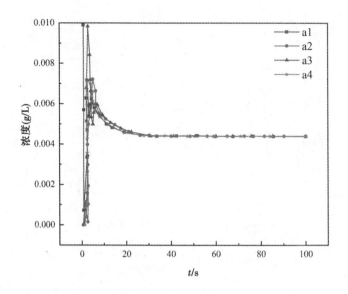

(c)桨型3均混时间

图8.29 各个监测点示踪剂浓度变化

根据模拟结果可知，对于桨型1来说，监测点a4位置示踪剂的浓度为零，说明桨型1搅拌过程中，监测点a4位置无法实现混合，其他监测点实现均匀混合需要40 s以后。对于桨型3来说，监测点a4位置示踪剂浓度一直处于波动过程，并且其他监测点实现均匀混合需要20 s以后。对于桨型2来说，20 s内所有监测点示踪剂浓度变化较小，波动范围在5%以内，说明桨型2在20 s内能实现均匀混合，桨型2的搅拌效果相对较好。

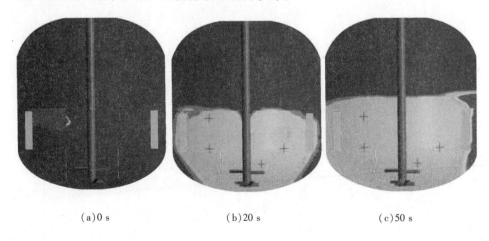

(a)0 s   (b)20 s   (c)50 s

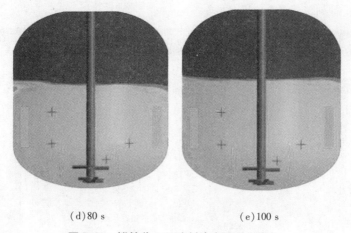

(d)80 s   (e)100 s

图 8.30　搅拌桨 2 示踪剂浓度随时间变化

通过图 8.30 可以看出示踪剂在反应器的扩散趋势，从 0 s 到 100 s 时刻，示踪剂逐渐扩散，到 100 s 时刻，示踪剂均匀扩散。

8.4.4　优化的搅拌机搅拌效果分析

为进一步分析搅拌效果，对搅拌机内搅拌桨进行改进，分别为桨型 4、桨型 5、桨型 6，如图 8.31 所示，并进行一系列相关研究。结果如下。

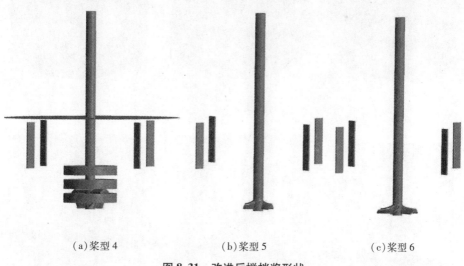

(a)桨型 4   (b)桨型 5   (c)桨型 6

图 8.31　改进后搅拌桨形状

（1）1 s时刻各种桨型对比结果

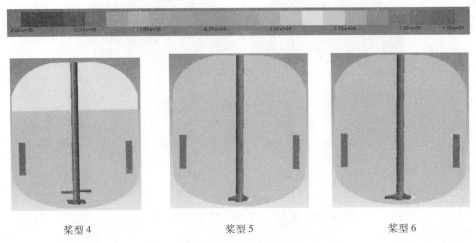

桨型4　　　　　　　　　桨型5　　　　　　　　　桨型6

图8.32　1 s时刻不同桨型的压力对比

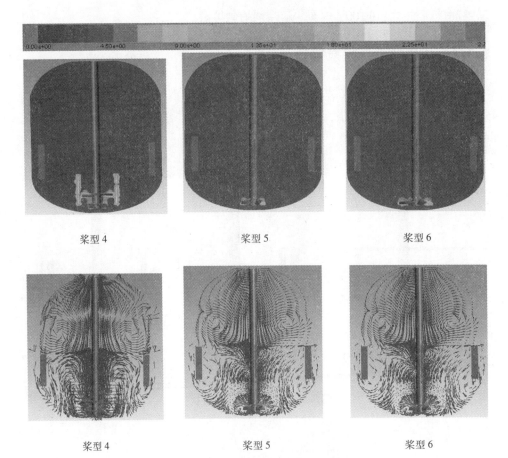

桨型4　　　　　　　　　桨型5　　　　　　　　　桨型6

桨型4　　　　　　　　　桨型5　　　　　　　　　桨型6

图8.33　1 s时刻不同桨型的速度对比

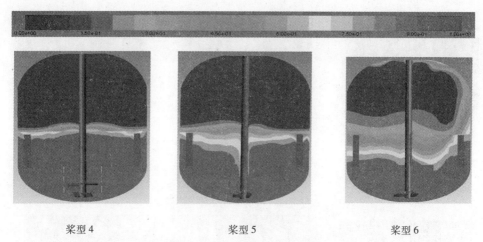

桨型 4　　　　　　　　　桨型 5　　　　　　　　　桨型 6

图 8.34　1 s 时刻不同桨型的浓度对比

由图 8.32~图 8.34 所示 1 s 时刻不同桨型的压力分布、速度分布及浓度分布对比可知，桨型 5 与桨型 6 压力、速度分布整体趋势保持一致，桨型 6 桨叶长度大于桨型 5，使得搅拌过程中容易形成更大的漩涡，搅拌造成浓度分布的严重不均。

（2）2 s 时刻各种桨型对比结果

由图 8.35~图 8.37 所示 2 s 时刻不同桨型的压力分布、速度分布及浓度分布对比可知，桨型 4 会在壁面附近形成涡流，桨型 5 搅拌涡流中心在轴心位置，桨型 6 搅拌造成了搅拌机内气液不均匀分布进一步加剧。

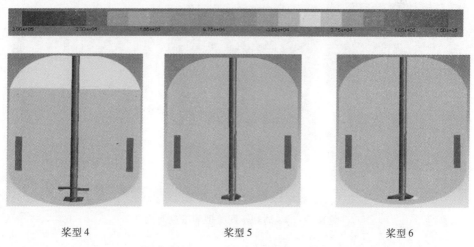

桨型 4　　　　　　　　　桨型 5　　　　　　　　　桨型 6

图 8.35　2 s 时刻不同桨型的压力对比

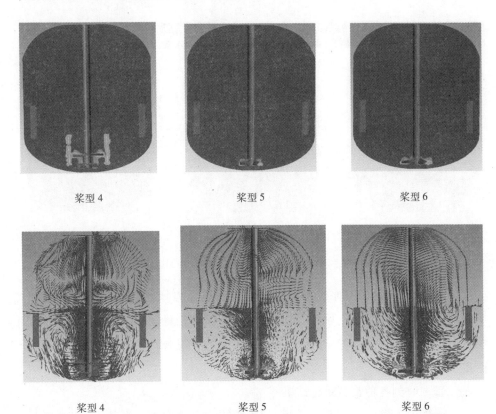

图 8.36   2 s 时刻不同桨型的速度对比

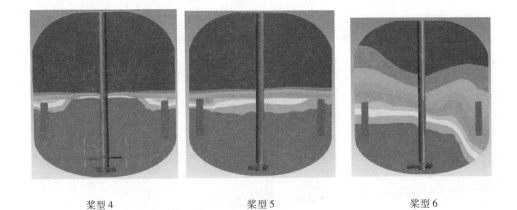

图 8.37   2 s 时刻不同桨型的浓度对比

（3）5 s 时刻各种桨型对比结果

由图 8.38~图 8.40 所示 5 s 时刻不同桨型的压力分布、速度分布及浓度分

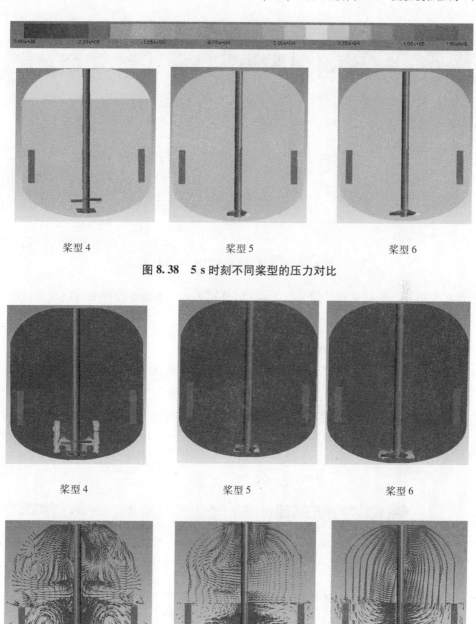

桨型 4　　　　　　　　　　桨型 5　　　　　　　　　　桨型 6

图 8.38　5 s 时刻不同桨型的压力对比

桨型 4　　　　　　　　　　桨型 5　　　　　　　　　　桨型 6

桨型 4　　　　　　　　　　桨型 5　　　　　　　　　　桨型 6

图 8.39　5 s 时刻不同桨型的速度对比

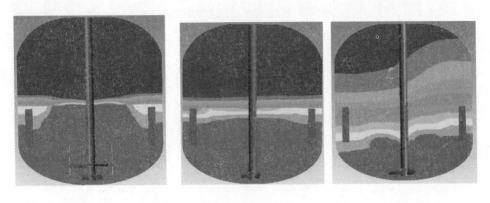

桨型4　　　　　　　　　　桨型5　　　　　　　　　　桨型6

图8.40　5 s时刻不同桨型的浓度对比

布对比可知，桨型4和桨型5与2 s时刻差别不大，桨型6搅拌使得反应器内气液混合区域进一步加大。

(4)不同搅拌结构正转搅拌结果对比

由图8.41可知，桨型4与桨型5搅拌形成的速度矢量分布趋势近似一致，浓度分布对比中，桨型5更稳定。桨型6桨叶长度大于桨型5，搅拌结果中的矢量图同桨型4、桨型5趋势一致，但浓度分布差别巨大，气液两相近似完全混合。

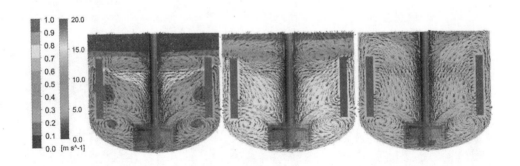

(a)原搅拌机桨带挡板正转20 s (b)原搅拌机桨带挡板正转50 s (c)原搅拌机桨带挡板正转100 s

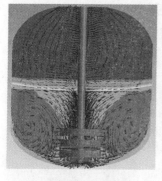 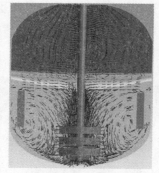 

（d）桨型 4 带挡板正转 20 s　　（e）桨型 4 带挡板正转 50 s　　（f）桨型 4 带挡板正转 100 s

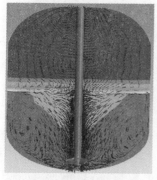 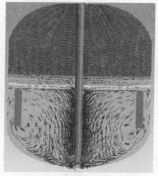 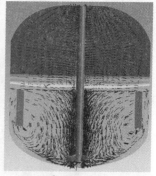

（g）桨型 5 带挡板正转 20 s　　（h）桨型 5 带挡板正转 50 s　　（i）桨型 5 带挡板正转 100 s

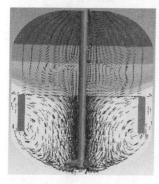 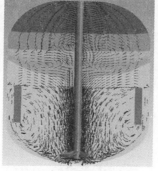 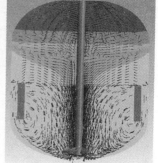

（j）桨型 6 带挡板正转 20 s　　（k）桨型 6 带挡板正转 50 s　　（l）桨型 6 带挡板正转 100 s

图 8.41　不同桨型不同时刻正转搅拌效果对比图

（5）不同搅拌结构反转搅拌结果对比

综合搅拌桨搅拌结果，如图 8.42 所示，桨型 1 和桨型 2 整体趋势一致，桨型4和桨型5整体趋势一致，其中桨型5搅拌结果更为稳定。桨型3与桨型6显示气液两相混合更为剧烈，特别是桨型3，是带挡板、带导流筒的双层桨，气液两相混合度更高。

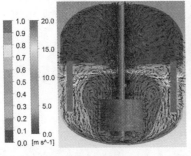

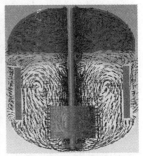

（a）桨型1带挡板反转20 s　　（b）桨型1带挡板反转50 s　　（c）桨型1带挡板反转100 s

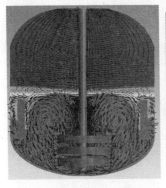

（d）桨型2带挡板反转20 s　　（e）桨型2带挡板反转50 s　　（f）桨型2带挡板反转100 s

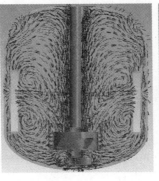

（g）桨型3带挡板反转20 s　　（h）桨型3带挡板反转50 s　　（i）桨型3带挡板反转100 s

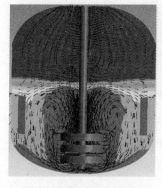 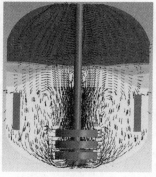 

（j）桨型 4 带挡板反转 20 s　　　　（k）桨型 4 带挡板反转 50 s　　　　（l）桨型 4 带挡板反转 100 s

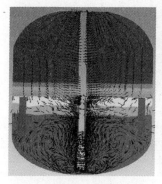 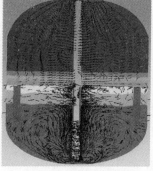 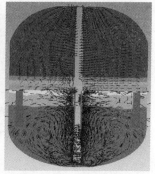

（m）桨型 5 带挡板反转 20 s　　　　（n）桨型 5 带挡板反转 50 s　　　　（o）桨型 5 带挡板反转 100 s

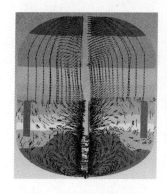 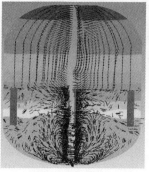 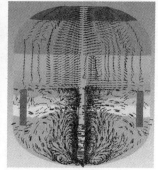

（p）桨型 6 带挡板反转 20 s　　　　（q）桨型 6 带挡板反转 50 s　　　　（r）桨型 6 带挡板反转 100 s

图 8.42　不同桨型不同时刻反转搅拌效果对比图

8.5 本章小结

本章针对搅拌机内搅拌过程模拟，对多种桨型及多种工况进行了系统的数值模拟，同时还考察了功率变化以及均混时间变化的情况。

根据数值模拟结果可以判断搅拌桨型的优劣、加挡板搅拌的效果、正向反向旋转搅拌的混合效果等，并且可以得到不同操作参数与功率的对应关系，结合这些变化规律可以设计出不同桨型并加以验证，大大减少了设计开发时间。

参考文献

[1] 陈志平, 章序文, 林兴华.搅拌与混合设备设计选用手册[M].北京: 化学工业出版社, 2004.

[2] 张廷安, 赵秋月, 豆志河, 等.内环流叠管式溶出反应器: ZL200510047338.3[P]. 2005-09-30.

[3] 赵秋月.叠管式搅拌反应器的设计与流动特性的物理和数值模拟研究[D]. 沈阳: 东北大学, 2008.

[4] 王凯, 冯连芳.混合设备设计[M]. 北京: 机械工业出版社, 2000.

[5] 李良超, 徐斌, 杨军.基于计算流体力学模拟的下沉与上浮颗粒在搅拌槽内的固液悬浮特性[J].机械工程学报, 2014, 50(12): 185-191.

[6] BHUVANESWARI E, ANANDHARAMAKRISHNAN C.Heat transfer analysis of pasteurization of bottled beer in a tunnel pasteurizer using computational fluid dynamics [J].Innovative Food Science & Emerging Technologies, 2014 (23): 156-163.

[7] THABET S, THABIT T H. CFD simulation of the air flow around a car model: ahmedbody[J].International Journal of Scientific and Research Publications, 2018, 8(7): 517-525.

[8] CHENG D, CHENG J, YONG Y, et al.CFD prediction of the critical agitation speed for complete dispersion in liquid-liquid stirred reactors [J].Chemical Engineering & Technology, 2011, 34(12): 2005-2015.

[9] DRISS Z, BOUZGARROU G, CHTOURU W, et al.Computational studies of the pitched blade turbines design effect on the stirred tank flow characteristics [J].European Journal of Mechanics B/fluids, 2010, 29(3): 236-245.

[10] RAMOND A, MILLAN P.Measurements and treatment of LDA signals comparison with hot-wire signals[J]. Experiment in Fluids, 2000(28): 58-63.

[11] RICHARDSON L F. Weather prediction by numerical process[M]. Cambridge: Cambridge University Press, 1982.

[12] MANDELBROT B. Intermittent turbulence in self-similar cascades: divergence of high moments and dimension of the carrier[J]. Journal of Fluid Mechanics, 1974, 62: 331-358.

[13] LIAO M, ZHANG W M. Discriminating fractals in time series[J]. Journal of Beijing Technology and Science University, 1998, 20(5): 412-416.

[14] 刘式达, 刘式适.孤波与湍流[M].上海: 上海科技教育出版社, 1994.

[15] HUANG Z L, XIN H W. Proceedings of the third national conference on fractal Theory[M]. Hefei: USTC Press, 1993.

[16] 阮晓东, 宋向群.用流动可视化技术研究混合器内流场及混合效果[J].化工学报, 2002, 51(1): 137-139.

[17] 邢茂, 赵阳升.高压旋转射流流动特性的实验研究[J].力学与实践, 2001, 23(1): 49-51.

[18] 徐江荣.一种描述湍流脉动速度的函数[J].杭州电子工业学院学报, 1999, 19(1): 64-68.

[19] 王利涛.方形搅拌槽中固液混合流动特性的数值模拟研究[D].西安: 西北大学, 2019.

[20] 曹晓畅, 张廷安, 赵秋月, 等.CFD技术在冶金搅拌反应器中的应用进展[J].世界有色金属, 2008(6): 21-27.

[21] 王海松.轴流泵CAD-CFD综合特性研究[D].北京: 中国农业大学, 2005.

[22] 古新.管壳式换热器数值模拟与斜向流换热器研究[D].郑州: 郑州大学, 2006.

[23] 苗一, 潘家祯, 闵健.涡轮桨搅拌槽内混合过程的大涡模拟[J].华东理工大学学报(自然科学版), 2006, 32(5): 623-628.

[24] TYAGIA M. Simulation of laminar and turbulent impeller stirred tanks using immersed boundary method and large eddy simulation technique in multi-block curvilinear geometries[J]. Chemical Engineering Science, 2007(62): 1351-1363.

[25] MICHELASSI V, WISSINK J G, RODI W. Direct numerical simulation, large

eddy simulation and unsteady Reynolds-averaged Navier-Stokes simulations of periodic unsteady flow in a low-pressure turbine cascade：a comparison[J]. Proceedings of the Institution of Mechanical Engineers, Part A(Journal of Power and Energy), 2003, 217(4)：403-412.

[26] 陶文铨.数值传热学[M]. 西安：西安交通大学出版社, 2001.

[27] 章梓雄, 董曾南.粘性流体力学[M]. 北京：清华大学出版社, 1998.

[28] 吴子牛.计算流体力学基本原理[M]. 北京：科学出版社, 2001.

[29] 刘顺隆, 郑群.计算流体力学[M]. 哈尔滨：哈尔滨工程大学出版社, 2000.

[30] 魏新利, 任杰, 王定标.搅拌反应器流场的数值模拟[J]. 郑州大学学报（工学报）, 2006, 27(2)：52-55.

[31] MAGNICO P, FONGARLAND P.CFD simulations of two stirred tank reactors with stationary catalytic basket[J]. Chemical Engineering Science, 2006(61)：1217-1236.

[32] 周国忠, 施力田, 王英琛.搅拌反应器内计算流体力学模拟技术进展[J]. 化学工程, 2004, 32(3)：28-32.

[33] HARVEY P S, GREAVES M.Turbulent flow in an agitated vessel.Part I：a predictive model[J]. Trans Inst Chem Eng, 1982, 60(a)：195-200.

[34] BRUCATO A, CIOFALO M, GRISAFI F, et al.Complete numeric simulation of flow fields in baffled stirred vessels：the inner-outer approach[C]. 8th Euro.Conf.on Mixing Cambridge, 1994：155-162.

[35] LUO J V, ISSA R I, GOSMAN A D.Prediction of impeller induced flows in mixing vessels using multiple frames of reference[C]. ChemE Symp Ser, 1994：549-556.

[36] LUO J V, GOSMAN A D, ISSA R I, et al.Full flow field computation of mixing in baffled stirred reactors[J], Trans I Chem E, 1993, 71(A)：342-344.

[37] 孙会, 潘家祯, 程刚.搅拌设备的 CFD 分析与软件对比[J], 华东理工大学学报, 2003, 29(6)：625-628.

[38] LIU B, XU Z, XIAO Q, et al.Numerical study on solid suspension characteristics of a coaxial mixer in viscous systems[J].Chinese Journal of Chemical Engineering, 2019, 27(10)：2325-2336.

[39] 周勇军，袁名岳，徐昊鹏，等.三叶后掠-HEDT 组合桨搅拌釜内流场的模拟及实验[J].化工学报，2019，70(12)：4599-4607.

[40] JAVED K H, MAHMUD T, ZHU J M.Numerical simulation of turbulent batch mixing in a vessel agitated by a Rushton turbine[J].Chemical Engineering and Processing, 2006(45)：99-112.

[41] 贾海洋，唐克伦，唐永亮，等.搅拌槽内部固-液悬浮流场的数值模拟及实验研究[J].机械设计与制造，2013(5)：170-172.

[42] 杨锋苓，周慎杰.搅拌槽内单相湍流流场数值模拟研究进展[J].化工进展，2011，30(6)：1158-1169.

[43] 秦晓波，包健，高晓斌，等.改进型框式组合桨内盘管搅拌釜内流场数值模拟[J].石油化工设备，2023，2(5)：60-66.

[44] 张国娟，闵健，高正明，等.涡轮桨搅拌槽内混合过程的数值模拟[J].北京化工大学学报(自然科学版)，2004(6)：24-27，32.

[45] 罗松，周启兴，陈紫微，等.六折叶桨搅拌槽流场特性分析[J].南方农机，2021，52(16)：23-25.

[46] KASAT G R, KHOPKAR A R, RANADE V V, et al.CFD simulation of liquid-phase mixing in solid-liquid stirred reactor[J].Chemical Engineering Science, 2008, 63(15)：3877-3885.

[47] OCHIENG A, ONYANGO M S, KUMAR A.Mixing in a tank stirred by a Rushton turbine at a low clearance[J].Chemical Engineering and Processing (Process Intensification)，2008, 47(5)：842-851.

[48] SRIRUGSA T, PRASERTSAN S, THEPPAYA T, et al.Comparative study of rushtonand paddle turbines performance for biohydrogen production from palm oil mill effluent in a continuous stirred tank reactor under thermophilic condition[J].Chemical Engineering Science, 2017, 174(7)：354-364.

[49] FAN J L, LUAN D Y. Numerical simulation of laminar flow field in a stirred tank with a Rushton impeller or a pitch 4-bladed turbine[J].Advanced Materials Research, 2012, 557(8)：2375-2382.

[50] 刘天骐.KYF-0.2 型浮选机停留时间分布的数值模拟研究[D].南宁：广西大学，2017.

[51] 袁琳阳，卢世杰，朱圣林，等.浮选机内矿浆停留时间分布研究[J].有色

金属(选矿部分), 2020(4): 100-104.

[52] 董红星, 杨晓光, 王兴超, 等.连续搅拌釜流场数值模拟及停留时间分布 [J]. 石油和化工设备, 2008(6): 19-23.

[53] 孟辉波, 吴剑化, 禹言芳.SK 型静态混合器停留时间分布特性研究[J]. 石油化工高等学校学报, 2008, 21(2): 59-62.

[54] KLUSENER P A A, JONKERS G, DURING F, et al.Horizontal cross-flow-bubble column reactors: CFD and validation by plant scale tracer experiments [J]. Chemical Engineering Science, 2007(62): 5495-5502.

[55] CONNELLY K R, KOKINI L J.Examination of the mixing ability of single and twin screw mixers[J]. Chemical Engineering Science, 2007(30): 5495-5502.

[56] ROBIN R K C, JOZEF J L K.Examination of the mixing ability of single and twin screw mixers using 2D finite element method simulation with particle tracking[J].Journal of Food Engineering, 2007(79): 956-969.

[57] ARNAB A, SHANTANU R, NIGAM D P K.Investigation of liquid maldistri-bution in trickle-bed reactors using porous media concept in CFD[J]. Chemi-cal Engineering Science, 2007(62): 7033-7044.

[58] PRAMPARO L, PRUVOST J, STUBER F.Mixing and hydrodynamics inves-tigation using CFD in a square-sectioned torus reactor in batch and continuous regimes[J]. Chemical Engineering Journal, 2007(10): 1016-1026.

[59] CALOGINE D, RIMBERT N, SERO-GUILLAUME O.Modelling of the depo-sition of retardant in a tree crown during fire fighting[J]. Environmental Modelling & Software, 2007(22): 1654-1666.

[60] ASOK S P, SANKARANARAYANASAMY K, SUNDARARAJAN T.Neural network and CFD-based optimisation of square cavity and curved cavity static labyrinth seals[J]. Tribology International, 2007(40): 1204-1216.

[61] ATTA A, SHANTANU R, NIGAM K D P.Prediction of pressure drop and liquid holdup in trickle bed reactor using relative permeability concept in CFD[J]. Chemical Engineering Science, 2007(62): 5870-5879.

[62] SKODRAS G, KALDIS S P, SAKELLAROPOULOS G P.Simulation of a mol-ten bath gasifier by using a CFD code[J].Fuel, 2003(82): 2033-2044.

［63］ MICHAEL W, PLOSZ G B, ESSEMIANI K.Suction-lift sludge removal and non-Newtonian flow behaviour in circular secondary clarifiers: numerical modelling and measurements［J］. Chemical Engineering Journal, 2007 (132): 241-255.

［64］ BOSOAGA A, PANOIU N, MIHAESCU L, et al.The combustion of pulverised low grade lignite［J］. Fuel, 2002(85): 1591-1598.

［65］ RICHARD C, DONAL P F.The influence of secondary refrigerant air chiller U-bends on fluid temperature profile and downstream heat transfer for laminar flow conditions［J］. International Journal of Heat and Mass Transfer, 2008 (51): 724-735.

［66］ DEMESSIE E S, BEKELE S, PILLAI U.Residence time distribution of fluids in stirred annular photoreactor［J］. Catalysis Today, 2003(88): 61-72.

［67］ BYUNG S C, WAN B, SUAAN P, et al.Residence time distributions in a stirred tank: comparison of CFD predictions with experiment［J］. Ind Eng Chem Res, 2004(43): 6548-6554.

［68］ FARMER R, PIKE R, CHENG G.CFD analyses of complex flows［J］. Computers and Chemical Engineering, 2005(29): 2386-2403.

［69］ MILEWSKA A, MOLGA E J.CFD simulation of accidents in industrial batch stirred tank reactors［J］. Chemical Engineering Science, 2007(62): 4920-4925.

［70］ RIELLY C D, HABIB M, SHERLOCK J P.Flow and mixing characteristics of retreat curve impeller in a conical-based vessel［J］. Chemical Engineering Research and Design, 2007, 85(A7): 953-962.

［71］ TAKAHASHI T, TAGAWA A, ATSUMI N.Liquid-phase mixing time in boiling stirred tank reactors with large cross-section impellers［J］. Chemical Engineering and Processing, 2006(45): 303-311.

［72］ CARTL G M, GLOVER J J, FITZPATRICK.Modelling vortex formation in an unbaffled stirred tank reactors［J］. Chemical Engineering Journal, 2007 (127): 11-22.

［73］ ARLOV D, REVSTEDT J, FUCHS L.Numerical simulation of a gas-liquid Rushton stirred reactor-LES and LPT［J］. Computers & Fluids, 2008(37):

793-801.

[74] CHIU Y N, NASER J, NGIAN K F. Numerical simulations of the reactive mixing in a commercially operated stirred ethoxylation reactor[J]. Chemical Engineering Science, 2008(63): 3008-3023.

[75] NOORMAN H, MORUD K, HJERTAGER B H, et al. CFD modeling and verification of flow and conversion in a 1 m^3 bioreactor[C]. Proc. 3rd Int. Conf Bioreactor and Bioprocessing Fluid Dynamisc, Cambridge, 1993: 241-258.

[76] EKAMBARA K, JOSHI J B. CFD simulation of mixing and dispersion in bubblecolumns[J]. Trans I Chem E, 2003(81): 987-1002.

[77] ANIL S A, BHRUV A S. Chemical Engineering[M]. Oxford: Pergamon Press, 1977.

[78] BAKKER A, AKKER H E A V. Single-phase flow in stirred reactors[J]. Chem Eng Res Des, Trans I Chem E, 1994, 72(A4): 583-593.

[79] 徐姚, 张政. 旋转圆盘上液固两相流冲刷磨损数值模拟研究[J]. 北京化工大学学报, 2002, 29(3): 12-16.

[80] 钟丽, 黄雄斌, 贾志刚. 固液搅拌槽内颗粒离底悬浮临界转速的 CFD 模拟[J]. 北京化工大学学报, 2003(30): 18-22.

[81] WANG F, MAO Z S, SHEN X Q. Numerical study of solid-liquid two-phase in stirred tanks with Rushton impeller: (II) prediction of critical impeller speed[J]. Chinese J, Chem. Eng., 2004, 12(5): 610-640.

[82] 王振松, 李良超, 黄雄斌. 固液搅拌槽内槽底流场的 CFD 模拟[J]. 北京化工大学学报, 2005, 32(4): 5-9.

[83] 胥思平, 朱宏武, 张宝强. 固液分离水力旋流除砂器的数值模拟[J]. 石油机械, 2006, 34(3): 24-28.

[84] MONTANTE G. Experiments and CFD predictions of solid particle distribution in a vessel agitated with four pitched blade turbines[J]. Chemical Engineering Research and Design, 2000, 79(8): 1006-1010.

[85] WEETMAN R J. Automated sliding mesh CFD computations for fluidfoil impellers[C]. 9th Euro. Conf. on Mixing, 1997: 195-202.

[86] NAUDE I, XUEREB C, BERTRAND J. Direct prediction of the flows induced by a propeller in an agitated vessel using an unstructured mesh[J]. Can

Chem.Eng., 1998(76): 631-640.

[87] BAKKER A, FASANO J B, MYERS K J.Effects of flow pattern on the solids distribution in a stirred tank[C]. 8th European Conference on Mixing, Cambridge, 1994: 1-8.

[88] 张捷迁, 章光华, 陈允文.真实流体力学[M]. 北京: 清华大学出版社, 1986.

[89] 万耀青, 李仲武.建模和仿真技术[J]. 工程设计学报, 1995(4): 46.

[90] 周萍.铝电解槽内电磁流动模型及铝液流动数值仿真的研究[D]. 长沙: 中南大学, 2002.

[91] 岑可法, 樊建人.工程气固多相流动的理论及计算[M]. 杭州: 浙江大学出版社, 1989.

[92] 王福军.计算流体动力学分析: CFD软件原理与应用[M]. 北京: 清华大学出版社, 2004.

[93] 韩占忠, 王敬, 兰小平.FLUENT流体工程仿真计算实例与应用[M]. 北京: 北京理工大学出版社, 2004.

[94] 刘导治.计算流体力学基础[M]. 北京: 北京航空航天大学出版社, 1989.

[95] 吴江航, 韩庆书.计算流体力学的理论方法及应用[M]. 北京: 科学出版社, 1998.

[96] 李文广.离心泵蜗壳断面内的紊流时均流动测量[J]. 水泵技术, 1995 (3): 3-10, 15.

[97] VERZICCO R, FATICA M, IACCARINO G, et al. Flow in an impeller-stirred tank using an immersed-boundary method[J]. Aiche Journal, 2004, 50: 1109-1118.

[98] SMAGORINSKY J.General cireulation experiments with the primitive equations: the basic experiment[J]. Month Wea.Rev., 1963(91): 99-164.

[99] KIM S E.Large eddy simulation using unstructured meshes and dynamic sub-grid scale turbulence models[C]. AIAA 34th Fluid Dynamics Conference and Exhibit, 2004: 25-48.

[100] 李志鹏.涡轮桨搅拌槽内流动特性的实验研究和数值模拟[D]. 北京:北京化工大学, 2007.

[101] 张驰宇, 尹侠.双层圆盘涡轮式搅拌器的CFX流场模拟[J].中国化工装

备, 2012, 14(2): 14-16, 19.

[102] 宋海峰.丁基胶粒储罐固液两相的数值模拟[J].石油化工设计, 2016, 33(4): 30-33, 7.

[103] 李勇, 刘志友, 安亦然.介绍计算流体力学通用软件 Fluent[J]. 水动力学研究与进展, 2001, 16(2): 255-256.

[104] LEE J H, CHEN C Q.Numerieal simulation of line Puffvia RNG k-ε model [J].Communication of Nonlinear Science and Numerical Simulation, 1996, 1(4): 11-16.

[105] 李良超.固液搅拌槽内近壁区液相速度研究[D]. 北京: 北京化工大学, 2004.

[106] 王峰.搅拌槽内液液固三相流的数值模拟与实验研究[D]. 北京: 北京化工大学, 2004.

[107] ISHII M.Thermo-fluid dynamic theory of two-phase flow[M]. Paris: Eyrolles, 1975.

[108] 孙锐, 李争起, 吴少华, 等.不同湍流模型对强旋流动的数值模拟[J]. 动力工程, 2002, 22(3): 12-22.

[109] 肖志祥, 李凤蔚, 鄂秦.湍流模型在复杂流场数值模拟中的应用[J]. 计算物理, 2003, 20(4): 336-340.

[110] 肖志祥, 李凤蔚.三种湍流模型模拟能力的对比[J]. 西北工业大学学报, 2002, 20(3): 351-355.

[111] 梁德旺, 吕兵.关于两方程湍流模型的考虑[J]. 航空动力学报, 1999, 14(3): 289-332.

[112] 王树立, 张雅琴, 张敏卿.湍流两相流动模式理论综述及展望[J]. 抚顺石油学院学报, 1997, 17(2): 37-43.

[113] 张兆顺, 崔桂香, 许春晓.湍流理论与模拟[M]. 北京: 清华大学出版社, 2005.

[114] 闵健.搅拌槽内宏观及微观混合的实验研究与数值模拟[D].北京: 北京化工大学, 2005.

[115] 王承尧, 王正华, 杨晓辉.计算流体力学及其并行算法[M]. 长沙: 国防科技大学出版社, 2000.

[116] 王一雍, 张廷安, 陈霞, 等.我国铝土矿溶出技术的发展趋势[J]. 世界

有色金属, 2006(1)：25-27.

[117] WEN C Y, FAN L T, Models for flow systems and chemical reactor[M]. New York：Marcel Deeker Inc., 1975.

[118] RAZAVIAGHJEH M, NAZOEKDAST K, ASSEMPOUR H.Determination of the residence time distribution in twin screw extruders via free radical modification of PE[J]. International Polymer Processing, 2004, 19(4)：335-341.

[119] 彭世恒.中间包等温和非等温过程的基础研究和数值模拟[D]. 长沙：中南大学, 2000.

[120] 王建军, 包燕平, 曲英著.中间包冶金学[M].北京：冶金工业出版社, 2000.

[121] LEVENSPIEL O.Chemical reaction engineering[M]. New York：John Wiley & Sons.Inc., 1972.

[122] 王彦伟.振荡流混合反应器停留时间分布的数值模拟研究[D]. 杭州：浙江大学, 2002.

[123] 陈国南, 李广赞, 王嘉骏, 等.泰勒反应器中流体流动及停留时间分布的研究[J]. 化学工程, 2005, 33(6)：23-26.

[124] SCHMALZRIEDT S, REUSS M.Application of computational fluid dynamics to simulations of mixing and biotechnical conversion process in stirred tank bioreactors[C]. Proc.9th Europe Mixing Conf., Paris, 1997：171-178.

[125] 戴干策, 陈敏恒.化工流体力学[M]. 北京, 化学工业出版社, 1988.

[126] 刘成勤, 胡玉泽.电导滴定法测定聚酯浆料中对苯二甲酸含量[J]. 云南化工, 1999(2), 31-32.

[127] ZHAO D L, GAO Z M, HANS M S.Liquid-phase mixing times in sparged and boiling agitated reactors with high gas loading[J]. Ind.Eng.Chem.Res., 2001(40)：1482-1487.

[128] HOLMES D B, VONEKEN R M, DEKKER J A.Fluid flow in turbine stirred baffied tanks[J]. Partl, Cireulationtime, Chem.Eng.Sci., 1964(19)：201-208.

[129] RUSZKOWSKI S.A rational method for measuring blending Perofrmnace and comparison of different impeller types[C]. Proc.8th Europe Mixing Conf,

1994：283-291.

［130］ CRONIN D G, NIENOW A W, MOODY G W.An experimental study of the mixing in a Proto-fermenter agitated by dual Rushton turbines［J］. Food and Bioproduets Processing, 1994(72)：35-40.

［131］ CHIU Y N, NASER J, NGIAN K F, et al.Numerical simulations of the reactive mixing in a commercially perated stirred ethoxylation reactor［J］. Chemical Engineering Science, 2008(63)：3008-3023.

［132］ JAWORSKI Z, BUJALSKI W, OTOMO N.CFD study of homogenization with dual Rushton turbines-comparison with experimental results. Part 1：initial studies［J］.Trans.Chem E(Chem.Eng.Res.Des), 2000(78)：327-333.

［133］ 张国娟.搅拌槽内混合过程的数值模拟［D］. 北京：北京化工大学, 2004.

［134］ 永田进治.混合原理与应用［M］.马继舜，译.北京：化学工业出版社, 1984：169-207.

［135］ ARMENANTE P M, HUANG Y T, LI T.Determination of the minimum agitation speed to attain the just dispersed state in solid-liquid and liquid-liquid reactors provided with multiple impellers［J］.Chem Eng Sci, 1992(47)：2856-2870.

［136］ 毛德明.多层桨搅拌釜内流动与混合的基础研究［D］.杭州：浙江大学, 1998.

［137］ 钟丽，黄雄斌，贾志刚.用CFD研究搅拌器的功率曲线［J］. 北京化工大学学报(自然科学版), 2003, 30(5)：4-8.

［138］ YEOH S L, PAPADADIS G, LEE K C.Large eddy simulation of turbulent flow in rushton impellers stirred reactor with a sliding-deforming mesh methodology［C］. Proc.11th Europe Mixing Conf., Bamberg, 2003：39-46.

［139］ REVSTEDT J, FUCHS L, TRAGARDH C.Large eddy simulations of the turbulent flow in a stirred reactor［J］. Chem Eng.Sci., 1998(53)：5041-5053.

［140］ DERKSEN J J, DOELMAN M S. Three-dimensinal LDA measurements in the impeller region of a turbulently stirred tank［J］. Exp.Fluids, 1999(27)：522-532.

［141］ 樊建化.搅拌槽内流场的时空特性研究［D］.北京:清华大学，2004.

［142］ 周国忠，王英深，施力田.用CFD研究搅拌槽内的混合过程［J］.北京化工大学学报(自然科学版)，2003(54)：886-890.

［143］ LANRE M,SHINOWO O, BAKKER A.CFD modeling of solids suspensions in stirred tanks［J］.Computational Modelling of Materials，2001：205-215.

［144］ 钟丽.搅拌槽内固-液悬浮的数值模拟［D］.北京：北京化工大学，2003.